"**60**岁开始读"
科普教育丛书

U0151546

迈入
智能时代

宋海涛 著

上海市学习型社会建设与终身教育促进委员会办公室\指导
上海科普教育促进中心\组编

⊛ 上海交通大学出版社
❖ 上海科学技术出版社
Ⓜ 上海教育出版社

图书在版编目（ＣＩＰ）数据

迈入智能时代 / 上海科普教育促进中心组编 ；宋海
涛著. -- 上海 ：上海交通大学出版社 ：上海科学技术
出版社，2023.11
本书与上海教育出版社合作出版
ISBN 978-7-313-29632-0

Ⅰ. ①迈… Ⅱ. ①上… ②宋… Ⅲ. ①人工智能－中
老年读物 Ⅳ. ①TP18-49

中国国家版本馆CIP数据核字(2023)第197252号

迈入智能时代

（"60 岁开始读"科普教育丛书）

宋海涛　著

上海交通大学出版社　出版、发行
（上海市番禺路 951 号　邮政编码 200030）
上海盛通时代印刷有限公司印刷
开本 889×1194　1/32　印张 6.25
字数 84 千字
2023 年 11 月第 1 版　2023 年 11 月第 1 次印刷
ISBN 978-7-313-29632-0
定价：20.00 元

内容提要

本书旨在向中老年读者介绍人工智能的相关知识，帮助读者更深入地了解和探索人工智能快速发展的领域。本书围绕三个主题，循序渐进地科普人工智能的相关知识，解答读者对新技术的担忧与疑惑。第一部分"什么是人工智能"，围绕基本概念，为读者解释人工智能的基本原理和技术；第二部分"身边的人工智能"，通过实际应用案例，让读者感受到人工智能是如何渗透到我们的日常生活中的；第三部分"未来的人工智能"，探讨和展望人工智能未来的发展方向，思考人工智能与人类共同进步和可持续发展的关系。

本书可供想要了解人工智能、对人工智能感兴趣的读者阅读。

丛书编委会

"60岁开始读"科普教育丛书

总　序

　　党的二十大报告中指出：推进教育数字化，建设全民终身学习的学习型社会、学习型大国。为全面贯彻落实党的二十大精神与中共中央办公厅、国务院办公厅印发的《关于新时代进一步加强科学技术普及工作的意见》具体要求，近年来，上海市终身教育工作以习近平新时代中国特色社会主义思想为指导、以人民利益为中心、以"构建服务全民终身学习的教育体系"为发展纲要，稳步推进"五位一体"与"四个全面"总体布局。在具体实施过程中，坚持把科学普及放在与科技创新同等重要的位置，强化全社会科普责任，提升科普能力和全民科学素质，充分调动社会各类资源参与全民素质教育工作，为实现高水平科技自立自强、建设世界科技强国奠定坚实基础。

　　随着我国人口老龄化态势的加速，如何进一步提高中老年市民的科学文化素养，尤其是如何通过学习科普知识提升老年朋友的生活质量，把科普教育作为提高城市文明程度、促进人的终身发展的方式已成为广大老年教育工作者和科普教育工作者共同关注的课题。为此，上海市学习型社会建设与终身教育促进委员会办公室组织开展了中老年科普教育活动，并由此产生了上海科普教育促进中心组织编写的"60岁开始读"科普教育丛书。

"60岁开始读"科普教育丛书，是一套适宜普通市民，尤其是中老年朋友阅读的科普书籍，着眼于提高中老年朋友的科学素养与健康文明的生活意识和水平。本套丛书为第十套，共5册，分别为《心病还需心药医》《增肌养肉助康寿》《〈民法典〉助你行》《迈入智能时代》《乐龄乐游科学场馆》，内容包括与中老年朋友日常生活息息相关的科学资讯、健康指导等。

这套丛书通俗易懂、操作性强，能够让广大中老年朋友在最短的时间掌握原理并付诸应用。我们期盼本书不仅能够帮助广大读者朋友跟上时代步伐、了解科技生活，更自主、更独立地成为信息时代的"科技达人"，也能够帮助老年朋友树立终身学习观，通过学习拓展生命的广度、厚度与深度，为时代发展与社会进步，更为深入开展全民学习、终身学习，促进学习型社会建设贡献自己的一份力量。

推荐语

本书向中老年读者提供了一个学习人工智能相关知识的窗口。作者关注人工智能在日常生活中各个领域的应用，以简单明了的问答为读者分享专业知识，搭建通向智慧生活的桥梁。同时本书也紧跟人工智能新热潮，让读者在轻松的阅读过程中了解前沿科技，打开通向未来科技的大门。

全国人民代表大会代表　上海交通大学校长　中国科学院院士

丁奎岭

当代科技革命的代表之一——人工智能，正日益改变我们的生活。作者基于自身对于人工智能技术的深刻见解，引领读者深入了解人工智能的世界。通过阅读本书，读者将感受到人工智能带来的深刻变革，同时还将收获这一领域的新思考和启发。想要了解人工智能、对人工智能感兴趣的读者，都可以读一读这本书。

全国政协委员 九三学社中央委员会委员 中国科学院院士

樊春海

本书深入浅出地为中老年读者展现了人工智能的潜力和魅力，从基本的原理和概念，到丰富的应用实例，再到对未来的前瞻性探讨，拓展了我们对人工智能的理解，启发了我们对这个快速发展领域的深度思考。

德国国家工程院院士 张建伟

本书对人工智能基本知识与应用场景的介绍非常科普且全面，适合想要了解人工智能技术的中老年读者阅读。作者以通俗易懂的问答形式阐述了科技的进展及其在生活中的应用，让读者不必担忧人工智能的使用安全，充分享受科技带来的美好生活。

澳大利亚科学院院士 欧洲科学院外籍院士 陶大程

前　言

　　人工智能，作为 21 世纪最引人注目的技术之一，正引领着我们踏入一个充满变革的时代。从最初的理论探索，到今天的应用广泛，人工智能已经在诸多领域展现出巨大潜力和赋能前景，以前所未有的速度深刻影响着我们的生活和社会。从城市、地区的智慧管理，到交通、医疗、制造等不同领域的智能升级，再到普通人日常生活的便捷智享，人工智能的应用正日益广泛，其影响已经深刻地渗透到社会的方方面面，并且随着技术的迭代更新，人工智能有望继续推动科技和社会的发展。

　　特别是 OpenAI 于 2022 年底发布了人工智能语言大模型 ChatGPT 后，人工智能再次引起了各界的广泛关注和热烈讨论。作为一种能够进行自然语言交流的大模型，ChatGPT 具有强大的语言生成能力和上下文理解能力，使得人与计算机之间可以十分自然、流畅地进行交流。它的出现也引起了一股 AI 大模型热潮，而大模型在赋能千行百业、助力业务革新重构的同时，也引发了人们对于工作替代、数据治理、隐私泄露等诸多问题的担忧。

　　本书旨在向中老年读者介绍人工智能的相关知识，帮助读者更深入地了解和探索人工智能快速发展的领域。本书围绕三个主题，循序渐进地科普人工智能的相关知识，解答读者对于新技术的担忧与疑惑。第一部分"什么是人工智能"，将围绕基本概念，为读者解释人工智能的基本原理和技术；第二部分"身边的人工智能"，将通过实际应用案例，让读者感受到人工智能是如何渗透到我们的日常生活中的；第三部分"未来的人工智能"，将探讨和展望人工智能未来的发展方向，思考人工智能与人类共同进步和可持续发展的关系。

　　最后，感谢您的阅读和支持，希望您能在本书中找到乐趣和启发，并愿它能为您带来新的知识和思考。期待与您一同探索人工智能的奥秘，开启知识的旅程！

目　录

第二部分

身边的人工智能⋯⋯⋯⋯⋯⋯⋯⋯⋯⋯⋯⋯⋯⋯⋯⋯⋯⋯ 67

第三部分

未来的人工智能 ······································ 161

第一部分

什么是人工智能

"60岁开始读"科普教育丛书

人工智能是什么

1

　　这是个日新月异的时代。对着说明书研究智能手机的日子仿佛还在昨天，好不容易会用手机看新闻、刷短视频了，没想到最近又出现了"人工智能"这个听起来便科技感十足的概念。当年轻人热衷于与ChatGPT对话，滔滔不绝谈论起人工智能带来的变革时，我们又怎能不对这新颖的科技结晶感到好奇呢？要了解人工智能的相关知识，首先要理解一个概念：什么是人工智能？

　　从字面意义上来理解，人工智能即人类制造出来的，能够模拟、扩展人类的智能。人类的行为可以被简单抽象为：输入、思考、输出，所以也可以在这三个维度上理解人工智能，即人工智能是一种感知信息、处理信息、输出行为的能力。也就是说，人工智能能够收集、感知外部信息，对外部信息进行加工、判断，最后进行表达和行动。人工智能的英文是 artificial intelligence，缩写为 AI，所以日常生活中提到的 AI 就是指人工智能。

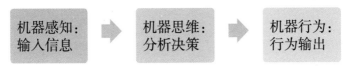

人工智能的行为模式

如何界定"智能"

2

早期人工智能的研究者就已经在思考：如何界定"智能"，以及如何判断机器能否思考？

1950 年，计算机科学之父、人工智能之父艾伦·麦席森·图灵提出了著名的"图灵测试"：让一台机器与人类展开对话（通过电传设备），如果 30% 的人类不能辨别其机器身份，那么称这台机器具有智能。这一测试使得"机器可以思考"这一理念是可以被信服的。

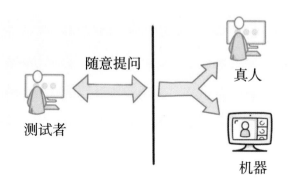

30% 测试者误认为机器是真人的话就算测试成功

图灵测试示意图

算力是什么

3

　　算力，被誉为人工智能"发动机"。顾名思义，算力是指计算的能力，《中国算力发展指数白皮书（2022 年）》中提出：算力是数据中心的服务器通过对数据进行处理后实现结果输出的一种能力。

计算对于我们而言是不陌生的。人类的大脑就是天然的计算服务器，在生活中，去菜市场买菜会用到心算、口算。如果是难度大的计算，我们会求助于计算器。

人类一直在寻找计算的工具。回顾人类历史会发现，在远古时期人们运用绳子、石头来计算。随着生产实践的不断发展，人类终于发明了自己的计算工具。算筹就是中国早期的计算工具，一般由木棍、竹条或兽骨（称为"筹"）等做成。慢慢地，更为方便的算盘被发明出来了，由中国传入日本、韩国等国家并逐渐传入西方。

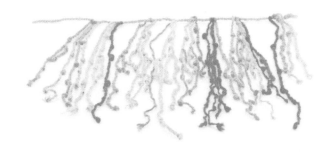

基普结绳

伴随着工业革命，计算工具的发展步入了机械计算时代。西方的科学家发明了只需拨动机器上的齿轮就能实现加减运算的加法器，在加法器的基础上，能进行四则运算的机械式计算器也被发明出来。

全键盘机械计算器

步入现代，人们拥有了更为强大的计算助手——计算机。现代计算机依靠芯片进行计算，一个小小的芯片将一个电路中需要的晶体管、电阻、电容和电感等元件及布线连在一起，提升了计算的速度。

芯片

人工智能深度学习的发展对算力提出了挑战。根据摩尔定律，集成电路上可容纳的晶体管数量大约每隔 2 年会翻倍，而在相同的芯片尺寸上嵌入更多的晶体管，即可增加计算机的整体算力。但是现在，最先进的 AI 模型的计算量每三四个月就能翻一番，也就是每年增长近 10 倍，比摩尔定律 2 年增长一倍要快得多，况且随着物理极限、热问题、成本问题等因素的限制，近 2 年摩尔定律已逼近极限，芯片对于计算机算力的提升已无法跟上 AI 大模型的计算量增长。

人工智能的发展经历了怎样的历史阶段

4

人工智能第一次浪潮（1956—1974 年）：AI 思潮赋予机器逻辑推理能力。这一时期"人工智能"这一概念兴起，人们对 AI 的未来充满了想象。这一阶段，人工智能主要用于解决代数、几何问题，以及学习和使用英语程序，研发主要围绕机器的逻辑推理能力展开。但受限于当时计算机算力不足，人工智能研发变现周期拉长、行业遇冷。

人工智能第二次浪潮（1980—1987 年）：专家系统使得人工智能实用化。专家系统是一种仅具有某项单一功能的人工智能程序，能够依据一组从专门知识中推演出的逻辑规则，并在这一特定领域回答或解决问题，人工智能也由此变得更加"实用"。然而专家系统的实用性只局限于特定领域，同时升级难度高、维护成本居高不下，行业发展再次遇到瓶颈。

人工智能第三次浪潮（1993—2017 年）：深度学习助力感知智能步入成熟。不断提高的计算机算力加速了人工智能技术的迭代，也推动感知智能进入成熟阶段，AI 与多个应用场景结合落地、产业焕发新生机。2006 年深度学习算法的提出、2012 年 AlexNet 在 ImageNet 训练集上图像识别精度取得重大突破，直接推升了新一轮人工智能发展的浪潮。2016 年，AlphaGo 打败围棋职业选手后人工智能再次收获了空前的关注度。与以往不同，这次的人工智能浪潮不仅在技术上频频取得突破，在商业市场同样名声大噪。

人工智能技术有什么特点

5

（1）能模拟人的行为。人工智能技术可以让智能机器对外界的刺激做出反应、模拟人的行为，使智能机器具备了运动能力和操控能力。例如，双足机器人可以像人一样行走。广泛使用的智能机械臂和其他工业机器人可以学会如何有效地抓取和移动物体。

（2）能模拟人的感知。人工智能技术可以让智能机器模拟人的感觉器官，通过视觉、听觉等感知客观世界。利用计算机视觉技术，可以让智能机器具备视觉能力，利用智能语音识别技术，可以让智能机器具备听觉能力。例如，自动驾驶汽车通过观察路况做出行驶判断，智能音箱通过听懂人的话做出反应。

（3）能模拟人的学习。利用机器学习技术，可以让智能机器具备学习能力，从数据中学习知识和经验。例如，AlphaGo 通过学习人类对手的实战经验，取得了"青出于蓝而胜于蓝"的骄人战绩。而 AlphaGo 的后继 AlphaGo Zero，仅用了 3 天时间就自学成才，以 100∶0 战胜了 AlphaGo。

（4）能模拟人的思维。人工智能技术可以让智能机器模拟人脑，具有思维能力。通过模拟人的思维能力，智能机器就具有了知识推理能力。例如，AlphaGo 能够推理出下一步棋的最优结果。通过自然语言处理技术，智能机器就具有了自然语言处理能力，可以理解人类的语言。例如，许多手机上的智能助理应用能够用自然语言与人交流。

人工智能技术的发展会给人类带来哪些好处

6

就像当初横空出世的电脑与智能手机那样，人工智能可以让我们的生活变得更方便、更有效率，甚至让世界呈现出一种全新的面貌。

（1）人工智能可以提高我们的社会生产效率。举个例子，工厂里的流水线运转不停，对于这种重复的、繁琐的又缺乏创造性的工作，按照既定程序运行人工智能会比易于疲倦的人类完成得更快、更准确。此外，一些智能制造设备的采购和运维成本也低于人力成本，这样就能在大幅提高生产效率的同时也能降低生产成本，让我们的商品更快速地被生产出来。

人工智能生产线

（2）人工智能可以改善民生。医生可以使用人工智能技术来辅助诊断和治疗疾病，一个典型的例子是利用人工智能技术进行影像诊断。对于 CT 扫描或MRI 图像，人工智能可以自动识别和标记出潜在的病变区域，帮助医生更快速地确定诊断结果。老师也可以使用人工智能技术来分析学生的学习情况，辅助教育和指导学生。通过对学生的学习数据进行挖掘和分析，人工智能可以了解学生的学习情况、学习风格和学习兴趣并基于这些数据制订针对该学生情况的专项学习计划，真正意义上做到"因材施教"。除此之外，人工智能在自动驾驶上的应用不仅可以将人

医疗人工智能的应用

类从驾驶座里解放出来，还能够通过对环境的精密监测与计算提高道路的利用率，减少交通拥堵，降低交通事故的发生率，让出行变得更加便利与安全。

人工智能技术如何帮助我国
应对老龄化问题

随着我国逐渐步入老龄化社会，"老年人养老难"也成为一个亟待解决的难题。在此方面，日益强大的人工智能可以提供全方位的支持，从身心上做到关爱

呵护存在养老问题的老年人，为老年人提供更好的生活质量和福祉，适当缓解社会压力。

（1）在身体健康方面，人工智能可以提供无微不至的健康监测与管理服务：人工智能可以通过智能穿戴设备和传感器，如智能手环等，来实时监测老年人的健康状况，包括心率、血压、血糖等指标。同时，人工智能还能根据监测数据提供个性化的健康管理建议，帮助老年人保持良好的健康状态。此外，智能护理机器人可以做到在某种层面上代替居家保姆的职责，包括为老年人完成洗衣、清洁、烹饪等家务，提醒老年人按时服药，在老年人突发紧急状况时，护理机器人能够呼叫援助或家庭成员，并采取紧急措施为老年人提供救援。

（2）在心灵健康方面，陪伴型人工智能可以通过模拟虚拟人格与老年人沟通交流，进行社交活动与娱乐活动，满足老年人的社交需求与情感需求。它们还可以通过智能算法分析老年人的兴趣和偏好，提供个性化的娱乐内容，比如有些老人关心时事政治，那么人工智能就会为他送上最新的新闻播报与讲解。

人工智能陪伴老年人

人工智能有哪些潜在风险

8

　　有利往往便有弊。人工智能在为我们带来如此多便利的同时，也带来了许多潜在的风险。其中，隐私安全与失控风险是我们经常提到的两种风险问题。

（1）隐私安全。人工智能在进化的过程中需要大量的数据来训练和学习，这可能包含个人身份信息、健康记录、社交媒体活动等个人隐私信息和敏感信息的收集和使用。如果这些数据遭到泄露或受到滥用，我们的个人隐私和数据安全将受到威胁。

（2）失控风险。人工智能的失控是指人工智能系统超出了人类的控制范围，这往往会导致非常严重的后果。一方面是影视作品中经常描述的"人工智能毁灭人类"的可能性。人工智能具有自我学习能力，意味着它可以根据反馈不断改进和优化自身，而这种优化在理论上来说是无限的，因此人工智能的"智力"可能超越人类的控制能力，这会让人类无法预测和控制它的行为。在这种情况下，人工智能可能会做出意想不到的决策和行动，甚至违背人类的意愿，进而产生危险的结果，对人类和社会造成威胁。另一方面，在人工智能的学习与自我优化过程中也可能会出现错误，从而导致失控，甚至出现恶性循环。

人工智能会和人类抢工作吗

9

人工智能如此强大，不知疲倦又不需要酬劳，那么它会和人类抢工作吗？

的确，人工智能会替代一部分人类工作，比如工厂里的重复劳动，甚至企业里的美工或者程序员，并且危险的地方也有机器人替代人类去了，如搜救机器

人工智能和人类

人、采矿机器人等，繁重的家务劳动也由人工智能代劳了。

不过，还有一些领域是人工智能替代不了的，比如需要人类智慧和情感的工作。另外，就像计算机技术创造了程序员的岗位一样，人工智能还会创造大量工作岗位，比如机器学习工程师、人工智能训练师。

人类不必过度担心人工智能会和我们抢工作，会替代自己，只要我们跟上时代的脚步，就能享受到科技进步带来的红利。

哪些职业容易被人工智能替代

人工智能能够良好地适应技术含量不高，模式化、重复性程度高的工作，在这种情况下，哪些职业容易被人工智能替代呢？

（1）工厂生产线工人。其工作本质上的重复性，使得这样的职业被自动化的人工智能轻易取代。人工智能与机器人相互配合，能够更迅速，更准确地完成各种生产工作。此外，与工人不同，由人工智能与机器人组成的生产系统不需要休息与假期，在适当的维护下，可以将工厂的人工成本快速压缩。

（2）电话客服。AI 聊天机器人和虚拟语音助手能提供大部分顾客所需的咨询与支持服务。在没有人工介入的情况下，AI 客服能做到同时处理多任务多需求，极大程度上减少了电话客服等待排队的现象，使得解决常规问题的客服被大量替代。

（3）行政与资料档案管理。资料档案管理的工作一样有着大量重复性的劳动，这正是人工智能的强项。通过机器学习算法等手段，不需要过多人工介入，人工智能就能完成大部分表格与档案管理的自动化处理。尽管档案等行政文件的需求与处理变化极快，但随着人工智能的迅速发展，其学习能力与日俱增，已经可以在少量样本中完成学习，并迅速投入工作。

（4）运输与物流行业。运输与物流作为现代社会发展的基础，稳定、安全是行业的关键。目前大量的人工智能已经被开发用于此行业，但仍未完全实用普及落地。作为人工智能的主要发展领域，在不远的将来，AI自动驾驶与运输的安全性将大幅提升，成本也能够得到控制。届时，运输与物流行业中的驾驶员、快递员等将很容易被人工智能所取代。

（5）常规医疗领域。在检验学与病理学的工作具有高度重复性的背景下，人工智能也将在常规医疗的各个方面替代医务工作者。在例如X射线图像检验、病理学分析、血液检测，以及日常体检等各个医疗流程中，自动化的人工智能将解放医务人员，使他们得以投入更加复杂的医疗情况中。

医疗机器人

哪些职业不容易被人工智能替代

既然有容易被人工智能替代的职业，自然也有不容易被替代的职业。大部分情况下，这类职业创造性强，灵活度高，需要强大的思考与应变能力，下面的职业便是几个例子。

（1）心理医生、社工和婚姻咨询师。这些职业都需要极强的沟通技巧、共情能力以及获取客户信任的能力。这些恰好是AI的弱项。此外，随着时代的变迁、不平等加剧以及 AI 取代人类工作，对这些服务的需求很可能会增加。

（2）教师。人工智能将成为教师和教育行业的左膀右臂，它会基于每位学生的能力、学习进展、习惯和性格而制定出专属课程。届时，教育者们将更多地帮助每名学生发掘自己的理想，着重培养他们的自学能力，并以良师益友的身份教会他们如何与他人互动、获取他人的信任。

（3）治疗师（职业治疗、物理治疗、按摩）。灵巧度是AI面临的挑战之一。在物理治疗（如脊椎矫正、按摩治疗）中，治疗师施加的压力是很微妙的，同时还要留意患者身体的细微变化。此外，AI在这类工作中面临的挑战还包含个性化护理、对客户造成伤害后的处理以及面对面互动。

（4）小说作家。讲故事是创造力的最高体现形式之一，也是 AI 的弱项所在。作家们要想象、创造并耗费心力写出具有风格和美感的作品。尤其是那些伟大的虚构类作品，需要具备独到的见解、有趣的人物、引人入胜的情节以及诗意的语言。所有这些都是很难被复制的。AI 虽能编写社交媒体信息、建议类文章，甚至对写作风格进行模仿，但是在可见的未来，最好的书籍、电影和舞台剧本依然将由人类操刀。

（5）科学家。科学家是将人类创造力发挥到极致的行业。AI 只能基于人类设定的目标，对科学活动进行优化。不过，AI 虽不可能取代科学家，却可以为科学家所用。例如，在药品研发中，AI 可用于预测和测试现存药物的潜在用途，或筛选出有治疗潜力的新药，供科学家参考。AI 将使人类科学家如虎添翼。

人工智能会创造什么样的新职业

12

就像互联网行业创造了互联网运营、产品经理等岗位一样，人工智能可以重塑新的产业格局，创造大量新兴职业。

（1）人工智能训练师。人工智能训练师是近年随着 AI 技术广泛应用产生的新兴职业，他们的工作是让 AI 更"懂"人类，更好地为人类服务。人们熟悉的天猫精灵、菜鸟语音助手、阿里小蜜等智能产品背后，都有人工智能训练师的付出。人工智能训练师这一新职业隶属于软件和信息技术服务人员小类，主要工作任务包括：标注和加工原始数据、分析提炼专业领域特征，训练和评测人工智能产品相关的算法、功能和性能，设计交互流程和应用解决方案，监控分析管理产品应用数据、调整优化参数配置等。

（2）人工智能伦理顾问。人工智能伦理顾问是指利用人工智能技术来帮助企业或机构解决 AI 应用过程中的伦理问题的专业人员。新技术往往会给现有社会伦理规范带来冲击，人工智能技术也不例外，这是人类社会在进步过程当中始终面临的问题。我国接连发布了《新一代人工智能治理原则——发展负责任的人工智能》《新一代人工智能伦理规范》等政策文件，明确提出八项原则，强调将伦理道德融入人工智能全生命周期。

（3）机器学习工程师。机器学习工程师比典型的数据科学家有更强的软件工程技能，专注于机器学习模型和算法的设计、实现和优化。他们充当数据科学和软件工程之间的纽带，与数据科学家密切合作，将原型和想法转化为可扩展的、生产就绪的系统。机器学习工程师在将原始数据转化为可操作的见解以及确保人工智能系统高效、准确和可靠方面发挥着至关重要的作用。

如果人工智能和人抢工作，我们该怎么办

13

人工智能抢占工作岗位的潜在影响是一个日益增长的复杂话题，人工智能和随之而来的自动化在特定领域终将取代大量劳动力。而在此背景下，如何缓和人工智能带来的冲击，并保证劳动力平稳过渡转型成为重点。下面列举几个在人工智能和人抢工作时，行之有效的策略。

（1）保持信息通畅，在科技迅速发展的背景下，保证第一时间了解行业新风向、领域新变化是至关重要的。只有全面了解行业发展，才能选择正确的方向，瞄准在市场中有需求的技能。

（2）努力提升自我，接受符合时代的技能教育，学习与人工智能互补的新技能。我们应该重视创造、创新思维的提升，特别是随机应变的能力。当然，也不能忽视共情能力以及批判性思维的发展。

（3）善于发现机会，寻求受人工智能影响较小的职业路径，在重视人工干预、共情，以及创造力的领域积极寻找机会。转向不容易被人工智能取代的行业，如艺术、心理咨询、教育等，并发掘新机遇。

（4）尝试包容共存，以开放包容的心态与人工智能共存共荣。我们可以与人工智能深度合作，并利用人工智能提升工作效率、决策能力，以及生产力，让人工智能从抢工作的敌人变为帮助自我提升与发展的朋友。

人工智能技术存在哪些伦理问题

14

人工智能在合理的限制下是人类社会发展中的得力助手，然而，随着人工智能的发展，这项技术存在的伦理问题也逐渐暴露出来。

（1）就业与经济。人工智能将迅速取代大量劳动力，在重复性劳动较多的行业尤为显著。在就业被影响的环境下，如何实现公平公正的劳动技术转型与失业人员再就业是随着人工智能的发展涌现出的伦理问题。其中，在受人工智能影响最为严重的产业中，大部分劳动力为社会经济地位较低的人群，这种现象应该被重视，并仔细探讨其中的伦理问题。

（2）偏见与歧视。人工智能逐渐被用于社会各个方面，而用于训练人工智能的数据在很大程度上包括了历史遗留的偏见。人工智能继承了数据中的偏见特性，并在日常使用中输出这种偏见与歧视。当训练数据中的偏见被用于保险费用、犯罪预测等算法中时，这样的歧视将造成严重的伦理问题。

（3）隐私与数据安全。人工智能的大数据特征注定了其需要海量数据用于训练。在这个过程中，私人数据的收集、储存与使用均可能构成侵犯隐私的伦理问题。在人工智能的应用中，保护个人数据免遭未经授权的访问、确保知情同意以及建立健全的网络安全措施至关重要。

（4）透明性与可解释性。人工智能自主学习和自我进化的特性导致其透明性和可解释性令人担忧，尤其在使用深度学习算法的人工智能系统中，其内部构造过于抽象，且几乎完全不可解读。确保人工智能的透明性与可解释性，对于识别偏见、增加可信度，甚至解决伦理问题而言至关重要。

如何看待人工智能带来的风险

15

人工智能作为前沿的新科技领域，在展现出无穷的潜力的同时，也不可避免地存在风险。在面对未知与抽象的人工智能模型时，如何正确客观地看待其带来的风险是我们与人工智能共处的关键。

（1）全面认知，仔细分析。人工智能所带来的风险遍布各个方面与领域，社会经济层面上，人工智能有着引发就业变革的风险；司法层面上，人工智能有着偏见与不公正乃至涉及犯罪的风险；而在科技发展层面上，更是有着技术失控、数据泄露等风险。在如此复杂的情形之下，唯有做到全面了解，综合各个方面考虑，才能客观准确地认知人工智能带来的风险。

（2）开放包容，不盲目相信。人工智能由于其特有的学习能力与进化能力，在大部分人眼中，其内部构造抽象晦涩且难以理解，甚至在一些情况下，人工智能训练师都无法准确理解 AI 的某些方面。正是由于这样的原因，我们不能盲目相信一些无端的猜测，在质疑中应保持批判性思维，寻求证据与依据来支持对人工智能风险的判断，并本着开放包容的心态来看待人工智能带来的风险。

（3）严格遵守伦理道德框架。人工智能的发展必须本着透明、道德与公平的基本原则。任何不能完全保证伦理道德可控的人工智能，都有着极大的风险，急需迅速处理应对。同时，我们应该积极思考完善的人工智能道德和伦理框架，确保人工智能的发展和应用符合人类价值观和社会期望。

如何应对人工智能带来的风险

16

我们已经知道了人工智能可能会带来的风险与问题，为了更好地应对这些潜在的风险，我们可以试着做到以下几点。

（1）增强人工智能系统的公开性与透明度，使用高度公开且受大众检验的人工智能系统可以在很大程度上降低伦理风险。例如人工智能的公正性问题能够在透明结构下被迅速发现并修正，以及不可预测的技术失控能够在最短时间被发现并控制。

（2）在人工智能系统中建立行之有效的道德框架，从根源上保证技术安全性，防止犯罪或帮助犯罪的行为，避免伦理问题的出现。与哲学、法律以及社会科学的专家展开合作，从而全面地理解并解决人工智能所带来的伦理道德风险。

（3）谨慎选择人工智能训练数据来源，避免侵犯数据隐私。对于大众而言，应做好生活中各方面的数据加密以及访问防护，定期检查数据安全与数字身份保护情况，避免隐私数据泄露。

（4）积极参与人工智能教育，阅读相关书籍与科普读物，更加全面地了解、认知人工智能。通过增强对人工智能技术的意识提升，更好地评估生活中人工智能带来的风险，并加以防范。

人类和人工智能相比，优势是什么

人工智能如此强大，仿佛无所不能。然而这并不意味着人类在人工智能面前便是脆弱的，我们依然有着生来便无法比拟的优势。

（1）人类的情感和创造力是人工智能无法比拟的。在艺术、文学、音乐等领域，人类的创造力和想象力是无法被人工智能所替代的。人类的情感也是无法被人工智能所取代的，例如在医疗领域，医生的同情心和关怀是无法被人工智能所代替的。

（2）人类的灵活性和适应性也是人工智能无法比拟的。在复杂的环境中，人类可以根据情况做出灵活的决策和调整，而人工智能则需要事先编程和训练。在紧急情况下，人类可以迅速做出反应，而人工智能则需要时间来处理信息和做出决策。

（3）人类的道德和伦理观念也是人工智能无法比拟的。在一些需要道德判断的领域，例如法律和政治方面，人类的道德和伦理观念是必不可少的。人工智能虽然可以处理大量的数据和信息，但是无法做出道德和伦理判断。

人类和人工智能相比，劣势是什么

人类终究是肉体凡胎，生物的极限意味着我们与诞生于数学与计算机科学的人工智能相比天生存在劣势。

（1）人类的计算能力相较于人工智能极其有限。在各种需要精确且大量计算的工作中，人工智能快速精准的计算是人类无法完成的。人类的计算时常受到各种外界环境的干扰从而出现差错，而人工智能则不会受到各种打扰，从而确保更加精确的计算。例如在金融行业中，人工智能对于大量数字的快速精确分析处理是人类无法比拟的。

（2）人类的记忆能力是无法与人工智能相提并论的，其快速读取与储存信息的能力是人工智能学习能力的基础。尽管人脑经历成百万上千万年的进化，已经是地球上最复杂的记忆与处理系统了，但其神经网络之间的连接仍然受到人体本身的限制，无法与被专门设计用于储存与读取信息的电子系统相比。

（3）人类在重复工作中的一致性与稳定性较为薄弱。当处理大量重复性的工作时，人类的疲劳、分心与失误并不会在人工智能系统中出现。尤其在对于精度要求较高的工作中，人工智能的稳定在很大程度上完胜于人类。显而易见，人工智能与机器人系统在生产线上大展身手，在各个制造行业中，其稳定精准的制造水平胜过人类。

人工智能和人类的关系是什么

19

　　人工智能毁灭人类的想象一直出现在电影、小说以及人们的想象中，但是在专家看来，在人类可以预见的近未来，这两种极端情况出现的概率都非常小。

　　最有可能变为现实的情形，是全人类步入一个崭新的人机协作时代，在这个时代，以人工智能为驱动的机器，将大幅提高人类的工作效率。其实，历史上的几次科技革命都提升了人类生产力。工业革命，蒸汽动力替代了手工劳动；电气革命，电力进一步提升了生产力；信息革命，降低了信息获取成本。智能技术将作为第四次科技革命，替代重复脑力劳动。

　　工具是无所谓好坏的，重要的是人如何使用工具。只要坚守技术的中性原则，严谨发展人工智能，可让它成为帮助人类进步发展、完善自我的利器。与其担心人工智能取代人类、毁灭人类，不如学会与人工智能共处，利用好人工智能工具，适应人机协作的新时代。

所以，人类创造人工智能，人工智能是人类的工具。只要善用工具，就能让我们的生活更美好。

人类应如何与人工智能共处

20

人工智能是人类的好帮手，是人类思维的拓展与延伸，但我们仍需认真考虑如何与这样强大的工具共处，才能促进人类进步发展，完善自我。值得注意的是，人工智能应被视为补充人类能力的工具，而不是完全的替代品。人工智能的应用应优先考虑社会公益，造福全社会。同时，应鼓励人类与人工智能之间的合作，给予人类一定程度的控制权。这样，人工智能的数据隐私与公平公正才能由人类负责掌控，以达到符合人类伦理道德的要求。

人类作为工具的使用者，工具的好坏取决于是否能正确合理地使用它。学会如何合理正确运用人工智能的各种功能，不被人工智能的发展所干扰和影响是人类与人工智能共处的关键。首先，我们不能盲目相信人工智能，目前的人工智能产出的结果并不能保证精确，甚至真实，对待人工智能完成的工作，我们应该反复确认而不能轻信。其次，我们应该准确地识别出人工智能中的道德问题，即使目前人工智能的伦理框架正在迅速发展中，某些偏见与不公仍然存在，而及时地修正是极其必要的。最后，我们应该努力提升自己的创造力和想象力，这些能力正是人工智能所缺乏的。只有这样，我们才能和人工智能互助互补，更好地发展人类社会。

机器人有意识吗

21

1950 年，计算机科学家图灵提出了著名的图灵测试，通过人与两个对象之间基于文本的盲对话，并判断两个对象中哪一个是机器人。图灵测试常被用于评估计算机或机器人的交互与模仿人类的能力。随着人工智能的发展，尖端先进的人工智能已经能够通过图灵测试的检验。

即使交互能力是意识的重要表现，但图灵测试仍然有着它的固有局限性，即只能检验计算机模拟人类行为的能力，却并不能判断计算机意识的产生与否。目前为止，我们并不认为机器人或其内部的人工智能已经拥有意识，在其日益高超的交互能力背后，仍然是其缺失的情绪、想象力、体验，以及自我认识。

意识的定义在各个领域被广泛讨论，最为广泛接受的定义是意识到自我的体验、情绪以及思考的状态，而这些在人工智能的发展中都仍是尚未解决的挑战。

人工智能的行为只是其从学习数据中得到的结果，因此我们并不能将其视为自我思考或拥有真实情感的表现。

虽然目前机器人尚未有意识地存在，但我们仍不应该放松警惕，应时刻注意防范人工智能不可控的意识觉醒所造成的技术失控，时刻保证人工智能伦理道德框架的正确性与有效性。

机器人会不会控制人类

电影《终结者》中描述了地球被机器人统治的场景，类似的情节在许多科幻电影中也有出现，不过这终究是按照人类的思维方式、生存方式去推测人工智能，是站在人类的单一角度对人工智能的担心。

机器人并不会统治人类。这是因为人工智能工具归根结底还是人类创造的工具，它可以模拟延伸和拓展人的能力，从而为人类带来更大的价值，但是工具本身并没有好坏之分，不会真正地控制人。另外，机器没有自己的思想，它的认知都是基于人类现有知识的基础上，没有自己创造性的思维。

我们并不需要担心被机器人统治，但要警惕自己的思想被人工智能"限制"。人工智能可以帮助我们检索，增加我们获取知识的效率，但是人工智能只能提供现存的答案。如果人类不在此基础上创新，那么人类发展的脚步将会停滞不前。更值得警惕的是，人工智能会提供错误的答案，甚至捏造答案，如果人类不假思索地接受，那么将会带来不可想象的后果。

人工智能会说谎吗

23

会，并且当下无法从根本上杜绝人工智能说谎的产生。人工智能本身并不具备道德、意识和情感，因此它不能像人类一样有意识地说谎，但生成式 AI 大模型 ChatGPT 已经被发现会编故事，并且连信源也是编的。这是由算法大模型的设计训练过程决定的，研究人员会给人工智能设立一个训练目标，就是更准确地"预测下一个词"。为不断给出符合人类语言习惯和预期的内容，大模型并不关心信息真假，有时编故事编得越像、越投入，就越容易获得人类好评。大模型给出表面上完美的回答，将引发对这些结果的过度信任，所以人类不能过度依赖人工智能，必须保持批判思维。

在人工智能时代，我们需要具备什么基本素养

24

在这个日新月异的人工智能时代，为了更好地生活，开展学习工作，我们需要具备一些基本素养来适应和应对新的挑战，只有拥有这些基本素养，我们才能更好地适应人工智能时代。

（1）基础的数字计算机技能。在人工智能时代，日常生活中也必不可少地会出现各种需要计算机与互联网的场景，例如创建账户、线上支付或是上网课，这时基础的计算机使用便成了人人都应具备的基本素养。此外，为了更好地利用人工智能这一工具，基本的人工智能与计算机知识也能给予很大的帮助。

（2）个人数据安全保护能力。包括但不限于数据加密、安全性限制、防火墙设置等。人工智能的训练需要大量数据的支持，而这些数据时常包含了个人的隐私数据，一定的数据安全保护能力能让我们在这个时代保护好自己的隐私安全。

（3）批判性思维。盲目相信人工智能给出的结果是不可取的，在人工智能的准确性不佳甚至可能随意捏造的情况下，我们作为人工智能的使用者，批判性思维是必不可少的素养。批判性思维能让我们独立思考，提出质疑，而不是被人工智能限制想象力、创造力。

（4）网络安全意识。人工智能的模仿能力发展迅速，伪造视频、合成声音，甚至生成行为习惯模型，被不当使用的人工智能对网络安全造成了很大的威胁。为了面对这样的威胁，避免上当受骗，我们应该保持小心警惕，并积极提升网络安全意识。

老年人会被人工智能时代抛弃吗

面对人工智能时代的洪流，许多老人们会产生落后于时代，甚至被时代抛弃的忧虑。由于对数字技术的陌生，与先进计算机技术的疏离，甚至人工智能算法中存在的年龄偏见，老年人在如今的人工智能时代中面临着许多挑战。但是，随着老年人辅助技术、发达的医疗保障，以及老年人个性化教育的迅速发展，人工智能时代为老年人带来的机遇同样不少。为了防止老年人被时代抛弃，越来越多的数字技术公司开始重视老年人面临的挑战，将提高数字包容性，降低使用门槛，发展更为简单的用户交互界面等定为了目标。

在许多软件与操作系统中，我们都能看到老年模式的身影，例如打车软件中的老年模式能让众多老年人省去大量的操作，直接享受打车软件带来的便利。

目前，人工智能时代正朝着更加多元、更加包容的方向积极发展着。很快，人工智能技术给予的各种便利将降低门槛，让所有老年人也得以享受时代发展带来的红利。

老年人该如何适应人工智能时代

26

我们已经了解了老年人并不会被人工智能时代抛弃，那么老年人自己又该如何做才能适应这个人工智能新时代呢？

的确，老年人想在人工智能时代站稳脚跟，仅仅靠政府与社会的帮助是远远不够的，老年人自身的努力也至关重要。老年人在人工智能时代中，更应该主动学习，积极适应。为了跟上时代的发展，目前已经有越来越多的老年人在子女的帮助下接触互联网，在银行柜台、公安机构等，都能看到工作人员耐心地向老年人教学新科技的身影。老年人面对这些未知的技术，应该抱着开放包容的态度，摒弃旧观念、旧习惯，敢于尝试，勇于实验，积极主动地拥抱新的计算机与人工智能技术。

另外，如果老年人在使用各类数字技术时遇到无法解决的问题，应及时向子女、客服或官方人员求助。老年人只要克服了心理上对新技术、新智能的恐惧，积极了解人工智能知识，让自己的安全与隐私有一定的保障，一定能与年轻人一样享受人工智能带来的各种便利。

在人工智能时代，我们如何保护自己的隐私

27

在人工智能时代，隐私保护变得尤为重要。随着各种网站和应用程序的普及，我们的个人数据可能面临泄漏的风险。因此，我们需要采取一些措施来保护自己的隐私，只有通过这些措施，才能更好地在人工智能时代保护个人隐私免受侵犯。

（1）减少线上数据共享，并仔细完成隐私设置。如今，在各种各样的网站与应用程序中，我们时刻都需要选择自己共享的数据，为了避免隐私泄漏的风险，我们应该尽可能地减少线上的数据共享。只提供线上服务相关所需的数据，避免过度分享无关或敏感的其他个人信息。此外，我们应该避免打开未知来源的网页或文件，在输入信息时使用安全私密的连接方式，并实时管理好开放给程序的权限。

（2）仔细阅读用户隐私条约，避免无意中的隐私

泄漏。即使人工智能时代的用户条款已经被法律严格控制，但仍有出现在数据隐私方面对于用户不利或不平等的情况。为了更好地保护自己的隐私，在使用网站和应用程序前仔细阅读用户隐私条款可以保证我们的知情权，避免在不知情的情况下泄露自己的隐私。如果遇到不合理的霸王数据隐私条款，我们也应该立即停止使用该程序，并向有关部门寻求帮助。

（3）设置强效密码认证，防止加密数据被轻易泄漏。在我们的生活中，越来越多的互联网账户被我们注册创建，而设置密码便是其中的一个步骤。在设置密码时，我们对于不同的网站应该设置不同的复杂密码，并且不能轻视任何一个网站，因为在大数据时代，人工智能通过撞库等技术方法，能够轻易地通过看似无关紧要的账户数据，挖掘出我们其余更多的个人隐私。同时，设置防火墙或手机双重验证也是在人工智能时代保护个人隐私的好方法。

在人工智能时代，老年人如何防止诈骗并守住自己的钱

28

由于技术发展，AI可以轻易换脸、模拟声音，骗子已经开始利用人工智能技术实施诈骗。包头市警方曾发布一起利用人工智能实施电信诈骗的典型案例，福州市某科技公司法人代表郭先生在10分钟内被骗430万元。案件

一张由人工智能生成的不存在的脸

中，犯罪分子在视频聊天中使用了AI换脸技术，伪装成受害人好友，实施AI诈骗。受害人在视频中确认了面孔和声音，放松了戒备，分两笔把430万元给对方打了过去。

随着人工智能的发展，骗子将会以我们更难以察

觉的方式出现，达到以假乱真的地步，作为老年人，更要提高警惕，守住自己的钱。

首先，不要立即转钱。当我们遇到对方在网上向我们借钱的情况，一定不要立即转钱，而要静下来思考自己是否有能力借钱，这笔钱万一收不回是否会影响自己养老，以及对方的身份是否真实。

其次，要核实身份真实性。可以打电话过去核实或者约线下见面，如果碍于情面不好意思直说，可以谈论两个人都记得的事情，比如询问："你还记得咱们那个老同学吗？"

最后，不要点开不明链接。无论说得多好听，无论中了多大的奖，无论多么好奇，都不要打开陌生链接。

人工智能有哪些关键技术

现在，我们对人工智能已经有了基础的认知，然而新的疑问接踵而来：人工智能跟日常生活中经常听到的人脸识别、智能语音等术语有什么关系呢？人脸识别就是人工智能吗？

其实，人工智能是由一系列技术作为支撑的，具体包括大数据技术、机器学习技术、计算机视觉技术、智能语音技术、自然语言处理技术等，人脸识别只是计算机视觉技术的应用之一。

大数据技术是人工智能发展的基础，机器学习技术让机器懂得学习，计算机视觉技术让机器能看会认，自然语言处理技术让机器能理解会思考。这些关键技术不仅模仿人类的听、说、读、写能力，还让计算机会思考、会理解。

什么是大数据技术

30

大数据，这是个近些年兴起的，听起来十分玄乎的词。什么是大数据？大数据就是指规模大的、多样化的复杂数据的集合。这些数据来自各种各样的地方，比如我们在使用手机、电脑或者其他设备时产生的数据。它们包括文字、图片、音频和视频等不同类型的内容。大数据具有三个特点：数量非常多、产生速度很快、种类非常多样。通过对大数据进行分析，我们可以发现其中的规律和趋势，从而帮助我们更好地做出决策和解决问题。例如，短视频 App 通过大数据了解用户的需求与喜好，从而定制出个性化的推荐内容。其实，大数据不仅在短视频软件中有所应用，它还是

什么是大数据

人工智能发展的基础。

日常生活中，我们每天都在接触并产生着大数据。除了我们在短视频平台的浏览、点赞、评论行为是大数据，在十字路口车辆的车牌、压线、转弯等数据也是大数据，通过分析这些数据，交通部门知道车辆违章的情况，也会通过分析这些数据知道不同时间段、不同十字路口的拥堵情况，从而调整红绿灯时长或者疏导拥堵。

大数据技术的处理过程包括数据采集、数据预处理、数据分析与数据挖掘、数据可视化四个环节。

（1）数据采集是通过传感器、日志文件、网络爬虫等途径获取数据，烟雾报警器能够感受烟雾并发出警报，就是烟雾传感器在发挥作用。

（2）数据预处理是将杂乱无章的数据进行分类，将有关系的数据组织起来，如提取出 8:00 ～ 9:00 某路段的车辆行驶数量。

（3）数据分析与数据挖掘是利用适当的方法对采集来的大量数据进行分析，以发现和提取隐含在其中的具有价值的信息和知识的过程。短视频平台从我们

天气预报可视化

的浏览数据中挖掘出观看最多的视频种类、点赞情况等大量信息，就可以猜测用户的喜好，并将类似的内容推送到我们的手机中，令人对该短视频软件无法自拔。

（4）数据可视化就是把数据分析和数据挖掘的结果用图表的方式形象、直观地呈现出来，使人们能够清晰、有效地理解分析和挖掘的结果。实际上，我们身边有大量的数据可视化的例子。例如，电视台的天气预报节目和手机上的天气预报应用软件就是利用数据可视化技术呈现天气预报信息的。

什么是人工神经网络

31

计算机采用什么样的技术实现机器学习呢？人工神经网络和深度学习是实现机器学习的技术。

人体内有大量神经细胞，也叫神经元。神经细胞通过相互联系构成了一个功能强大、结构复杂的

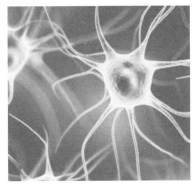

神经元细胞

信息处理系统——人体神经系统。人能够思考并从事各种各样的复杂工作，是因为我们身体内部微小的神经细胞在起作用。

科学家受到人体神经细胞的启发，把每个神经细胞抽象成一个叫作神经元模型的基本信息单元，把许多这样的信息单元按一定的层次结构连接起来，就得到人工神经网络。

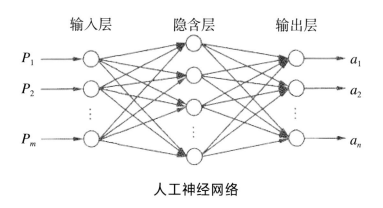

人工神经网络

　　如图所示，通过输入层给人工神经网络输入大量数据，由神经元模型构成的多层神经网络对这些数据进行计算，从而得到需要输出的结果。例如，给计算机输入猫的图片数据，需要计算机输出是否是猫的判断。我们将图片数据输入给人工神经网络，第一层神经网络会提取图片的初始特征，然后输入给第二层神经网络；第二层神经网络会把上一层提取的特征通过参数调节的方式进一步细化，再输入给下一层神经网络；以此类推，经过多层神经网络的处理，最终得到猫的特征模型，利用特征模型对猫做出判断。

什么是深度学习
32

一般情况下，我们把超过四层的人工神经网络称为深度学习。深度学习是机器学习训练模型的一种算法，是人工神经网络算法的拓展。深度学习最重要的工作就是利用大量数据进行计算，从而完成对模型的训练。一般情况下，计算机完成计算任务使用的都是中央处理器，就是我们常说的 CPU。当深度学习中的人工神经网络越来越复杂时，需要计算机提供更大的计算能力。这时候就需要图形处理器，也叫 GPU，它包含大量的图形计算芯片，这就给深度学习提供了强

CPU（英特尔）

GPU（英伟达）

大的计算能力，因此成为深度学习使用的主流计算设备。目前随着人工智能的发展，进入大模型阶段，对算力的要求越来越高，高性能的 GPU 十分抢手。

什么是机器学习技术

在日常生活中，人脸解锁和指纹解锁，其实都是人工智能机器学习技术的运用。以前，给信息加密的方式一般是密码，现在随着人工智能的发展，我们设置密码的类型变得多样化。除了使用字符和图形密码外，还可以选择组合利用指纹、人脸、声音等人类生物特征信息设置密码，进一步提高了方便性和安全性。

生产模拟人类的意识与思维过程，能够像人类一样学习、思考与行动的智能计算机，是人工智能专家们的愿望。机器学习就是一种试图让计算机像人类一样学习获得知识与技能，并像人类一样感知世界、认

指纹解锁

识世界的技术。

　　现在，让我们来想象小孩第一次看见猫的场景，以及他如何认识一只猫，并确认它是一只猫。当小孩子第一次看见中华田园猫时，其他人告诉他这是猫，他会对这只猫进行分析，在大脑中形成关于猫的外貌、叫声的特征模型，当他第二次看见加菲猫时，他会用初始特征模型进行比对，他可能认为这是一只猫，也可能认为不是猫。当别人把答案告诉他，如果他回答正确，那他会得到肯定；如果回答不正确，他就会对大脑中关于猫的模型进行修正。随着小孩看见猫的次数越来越多，他对猫的判断将会越来越准确。

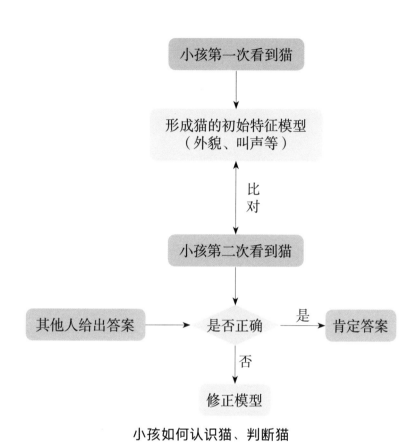

小孩如何认识猫、判断猫

机器学习采取相似的学习路径。人类提前设计和开发初始特征模型，然后利用大量图片对计算机的初始特征模型进行训练，最终计算机得到关于特定物品的特征模型。

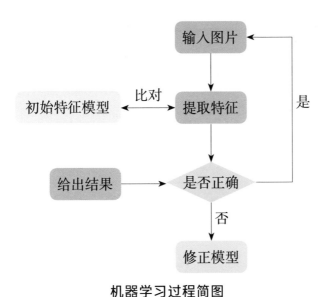

机器学习过程简图

什么是计算机视觉技术

我们从小孩如何认识猫的过程理解了计算机如何
理解人类事物。现在让我们进一步思考，小孩能够看
见猫是因为人类有着精密的身体系统，眼睛帮助我们

获取外部图像，大脑帮助我们理解图像。计算机没有和人类一样的眼睛和大脑，那它是如何处理图像的呢？

其实，计算机并不能直接处理物理图像。在用计算机处理前，物理图像必须转化为数字图像。计算机视觉技术的主要任务是对采集的数字图像进行处理以获得相应事物的信息，进而像人类一样理解事物。摄像头接收到自然界的光线，形成数字图像，并将数字图像传递给计算机。计算机通过机器学习技术完成对数字图像的理解，进而实现对事物的理解，过程如下。

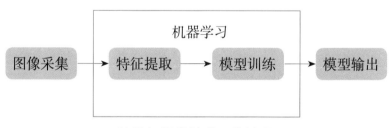

计算机视觉技术工作流程

那么，什么是数字图像呢？数字图像是由"点"构成的，"点"就是我们常说的像素。对于单色图像，用一个数字来表示像素的亮度，数值范围是：

0（黑）～ 255（白）；对于彩色图像，分别用红、绿、蓝三基色的亮度的相加值来表示像素的颜色，数字范围也是 0 ～ 255，0 表示像素中没有该颜色，255 表示该种颜色在像素中取得最大值。

将物理图像转换为计算机能理解的数字图像，再进行模型训练输出最终的模型，就是计算机视觉技术。

什么是智能语音技术

35

在日常生活中，我们可以和智能音箱对话，智能音箱是如何听懂我们的话并和我们对话的呢？在了解智能语音技术之前，我们可以想象一下人类是如何听说的。

大脑根据不同的声音发出相应的神经脉冲信号，刺激发音器官。肺部提供的空气流作为原动力，气流通过声门时，激发声带振动产生声音。产生的声音在声道中传播，这个过程中，会放大一些频率成分，减小另一些频率成分，产生了形形色色的语音。

声波传到听者的耳朵后，激发耳中鼓膜的振动，并将振动传递到耳蜗。耳蜗会分析声音频率，它的各个部分振动的幅度与声音中的不同频率有对应关系。在耳蜗基底膜上布满的神经细胞，根据振动的大小，发出不同形式的神经脉冲信号，传递给大脑。大脑对这些不同的神经脉冲信号进行解析，从而完成人的语音感知过程。

那么机器是如何听懂我们说话的呢？语音识别技术是一种让机器从语音中获取语言内容的技术，能够将语音转变成文字，使机器能够听懂人说的话。在语音识别中，通过麦克风等设备采集的语音信号转换为数字语音数据；从数字语音数据中提取讲话人的声学特征，并利用机器学习方法进行声学模型的训练，最后输出训练好的声学模型；声学模型训练好之后，我们就可以利用模型准确地识别出语音的内容了。

不同的波形包含不同的声学特征，常见的声学特征包括基频、能量、时长、共振峰、梅尔频率倒谱系

语音的波形

数、广义梅尔倒谱系数等。前三个特征又叫韵律特征，后三个特征又叫频谱特征。

那么机器如何说话呢？语音合成技术也称为文语转换技术，是一种把文字转变成语音的技术，能够让机器像人一样"开口说话"。现代语音合成技术与语音识别技术类似，也需要用语音数据和对应的文本数据训练一个语音合成的声学模型。常见的语音合成技术包括：发音器官合成技术，可以对人的发音器官的物理结构进行建模；共振峰合成技术，利用电路方法模拟人的声道模型；波形拼接合成技术，类似于活字印刷，要建立各个语音单元的语料库；统计参数语音合成技术，利用声学特征训练声音模型，产生语音声学参数；语音转换技术，使计算机可以模仿不同人的声音。

什么是自然语言处理技术

　　通过学习智能语音技术，我们已经知道了语音识别技术可以把人类说出来的话变为文字，语音合成技术能把文字转变成语音，那么计算机是如何理解文本并生成文本的呢？这一过程需要靠自然语言处理技术实现。

　　什么是自然语言？自然语言通常是指一种自然地随文化演化的语言，是人类交流和思维的主要工具，例如，汉语、英语等。自然语言区别于人造语言，人

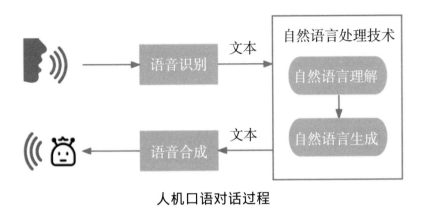

人机口语对话过程

造语言是人为了某些特定目的而创造的语言，例如世界语或者编程语言等。

　　什么是自然语言处理技术？自然语言处理技术是指利用计算机分析和处理人类自然语言的技术。要用自然语言与计算机交流，计算机既要能理解自然语言的意义，也要能用自然语言来表达意图和思想。前者称为自然语言理解技术，后者称为自然语言生成技术。这个过程可以简述为：首先计算机需要理解输入句子的含义，然后根据含义进行翻译，最后根据翻译结果生成另一种语言的句子。

　　自然语言处理是如何完成的？自然语言处理的基

础是：文本分词，又叫自动分词，是把句子划分为一个一个的词。以词为单位，计算机才能进行书面语言的处理。

　　通过自然语言处理的算法，计算机就能够理解并生成人类语言了。生活中，除了智能音箱，机器翻译、输入法、拼写检查、信息检索、手写体识别、垃圾邮件过滤、计算机写作、人机对话等都需要利用自然语言处理技术来实现。

第二部分

身边的人工智能

"60岁开始读" 科普教育丛书

人工智能在哪几方面改善我们的生活

37

人工智能只是机器人吗

现在我们知道了什么是人工智能，可似乎还是感觉人工智能距离我们的生活十分遥不可及，那么人工智能在日常生活中有什么应用，对我们的生活又有什么改善呢？

谈起人工智能，许多人的第一反应还是冷冰冰的机器人。事实上，人工智能不仅仅是冰冷的机器人形象，在不知不觉中已经融入我们的生活，广泛应用于医疗、教育、家居、交通、零售、金融、工业等领域，而随着科技的发展，未来将会有更多的人工智能技术运用在生活中，解放我们的生产力，让我们的生活更美好。

什么是智慧医疗，包含什么

38

人工智能医疗泛指将人工智能技术应用于医疗保健领域，涉及药物开发、临床前研究、临床治疗、健康管理的大多数环节，目前在精准医学、智能诊断、计算机辅助药物设计、临床试验智能决策等方面取得了长足进步。人工智能医疗可以通过人工智能技术提高临床医生的效率，改善医疗诊断和治疗，以及优化人力和技术资源的分配。

（1）精准医学。精准医学与个性化医疗不同，个性化医疗强调为个体设计独特的治疗方式，而精准医学是服务于疾病新分类的需求，为临床疾病亚型群体提供更精确的诊断和治疗。例如，在临床实践中，约有30％的甲状腺结节缺少行之有效的良恶性判断方法，研究人员将人工智能技术应用到了甲状腺结节的良恶性判断中，临床应用准确率达到了90％。

（2）智能诊断。智能诊断主要涵盖临床虚拟助手、辅助诊断、疾病风险预测等方面，提高医生的工作效率和减少人为错误，提升患者的治疗收益。2020 年麻省理工学院通过 Resnet 神经网络，仅利用咳嗽声来对新冠病毒感染进行诊断，准确率达到 97%。

（3）计算机辅助药物设计。新药研发其实是一个漫长的过程，并且面临着较高的成本，人工智能技术能够对海量生物数据以及化学数据进行处理，更高效地发现潜在有效药物。随着 DeepMind 公司的开源人工智能系统 AlphaFold 的出现，药物研究者可以借助人工智能的翅膀，更加准确地预测蛋白质的形状。

（4）临床试验智能决策。将一种新药推向市场往往需要耗费 10 ～ 15 年的时间，花费 10 亿美元以上，其中大约一半的时间与金钱会花费在临床试验阶段，在临床试验设计、患者匹配、患者检测以及数据共享等方面，人工智能可以全方位地参与临床试验决策。

智慧医疗

什么是智慧医院系统

39

在了解了什么是智慧医疗的基础上，智慧医院系统就十分容易理解了。智慧医院指的是运用了人工智能技术，通过建立智能的医疗服务环境，以达到优化医疗服务流程、辅助临床决策和医院管理决策的一种创新型医院。

注意不要将智慧医院与智慧医疗搞混淆。这两者之间的差别就像菜市场和买菜一样，智慧医疗侧重于就诊与治疗过程的智慧化，而智慧医院着眼于整个医院管理与决策的大框架，使医院各部门的运行更加高效，让患者就诊更加便捷。可以说，智慧医疗是智慧医院系统的一部分。

目前世界范围内已有大量专注于为医院提供智慧化系统设施服务的企业。智慧医院系统建设的主要内容大致可分为三个领域：智慧医疗、智慧服务与智慧管理。智慧医疗面向医务人员，以电子病历为核心，如前文所说，旨在提高临床医生的效率，改善医疗诊断和治疗；智慧服务面向患者，指医院通过互联网等信息化或人工智能技术，为患者提供预约诊疗、候诊提醒、院内导航等服务，使患者感受到最便捷迅速的就诊体验；智慧管理面向医院管理人员，是指医院运用大数据等人工智能技术辅助管理者进行决策，目的在于优化医院整体运营，使医院管理精细化，提高各部门工作效率，更好地分配医疗资源。

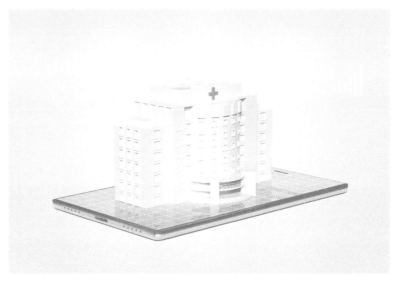

智慧医院系统

什么是医疗机器人

40

医疗机器人是指用于医院、诊所的医疗或辅助医疗的机器人，可以提高医疗人员的工作效率，主要有以下几种。

医疗机器人

（1）手术机器人。要么允许外科手术比独立的人类外科医生更精确地进行，要么允许远程手术，其中人类外科医生不与患者实际在一起。

（2）康复机器人。促进和支持体弱者、老年人或身体部位功能障碍影响运动的人的生活。这些机器人被用于康复和相关程序，例如训练和治疗。

（3）生物机器人。旨在模仿人类和动物认知的机器人。

（4）远程呈现机器人。允许异地医疗专业人员从远程位置移动，环顾四周，进行通信和参与。

（5）药房自动化机器人。是一种机器人系统，用于在零售药房中分配口服固体或在医院药房中制备无菌混合物。

（6）伴侣机器人。具有与用户保持联系的情感参与能力，并且如果用户的健康存在问题还能随时提醒。

（7）消毒机器人。能够在几分钟内消毒整个房间，通常使用脉冲紫外线。它们可用于对抗传染性病毒。

什么是 5G 超声远程机器人

41

超声检查是我们熟悉的诊疗手段，应用广泛。而超声报告的准确性，除了考验阅片水平，也在很大程度上依赖于医生的扫描手法——超声探头扫一扫，这个看起来简单的动作，其实很有讲究，复杂疑难病例往往需要经验丰富的医生才能精准锁定病灶。而国内目前普遍现状是大部分疑难病例集中在三甲医院。这也导致了基层和边远地区超声水平更为欠缺。

而 5G 超声远程机器人可以让医生在办公室里，通过操控台即可遥控超声机器人的机械臂。医生在触控板上移动仿形探头，控制位移角度，机械臂在人体相应位置移动，超声图像通过 5G 网络实时返回，打破空间的限制，让超声医生"亲手"为远方的患者做检查。

目前，5G 远程超声项目已在包括西藏等十几个省份的基层单位实践应用，开展远程超声诊断一千多例，使基层患者获得更加规范的诊疗，让医疗资源更加均质化，从而助力国家的分级诊疗和资源下沉。

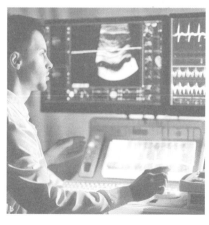

5G 超声远程机器人

机器人医生做手术可靠吗

42

目前，机器人医生已在泌尿外科手术、骨科关节置换手术等需要精密操作的临床手术中应用，其中比较著名的有达芬奇手术机器人。传统手术医生只能靠自己的手和眼睛，但是达芬奇手术机器人可以让视野扩大 10 倍，并且它的手非常小巧灵活，尤其在前列腺癌根治手术中，可以更精准切除前列腺肿瘤，并保护前列腺周围的支持血管神经结构。

但是，机器人医生目前不会完全替代人类医生，机器人医生只是人类医生的好帮手。达芬奇机器人在手术中仍担任辅助角色，是人在操作机械臂进行手术，而非机器自动进行手术。虽然全自动手术是未来的一个方向，但是实现全自动手术的道路还很漫长。

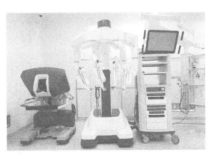

达芬奇手术机器人

以后在家门口就能就医吗

43

生活中我们常常会遇到一些小问题：有小病要看，但太麻烦了不想去医院，去药店开药，又害怕被药店欺骗。或者突发疾病，但医院又很远，去了医院还要排队，害怕误了最佳就诊时间。

现在，运用物联网、大数据和人工智能等数字化技术打造的健康驿站能够帮助我们解决这些问题。健康驿站可以实现自助体检，能够检测血糖、尿酸、总胆固醇等参数，还能实现自助问诊，可以开电子处方，还能自助购药。

以后，健康驿站将在社区、村镇等落地服务，居民们不仅可以日常监控自己的身体情况，突发基础疾病的患者还可以就近

健康驿站

到驿站咨询问诊，自助取药，实现了在家门口便可就医的快捷便利。

什么是家庭健康系统

44

　　家庭健康系统是一种通过运用大数据、物联网等人工智能技术，旨在为个人和家庭提供全面化与个性化的健康监护与管理的医疗服务系统。家庭健康系统可以帮助人们更好地了解自己的健康状况，及时发现潜在的健康问题，并提供个性化的健康建议和管理方案。它还可以与医疗机构和医生进行远程沟通和咨询，方便患者获取医疗服务和健康咨询。通常情况下，家庭健康系统会由携带传感器的健康监测设备、健康数据管理与分析平台以及医疗服务程序组成。

　　健康监测设备包括智能手环等可穿戴式设备，也包括温度计、血压计等传统检测设备。健康监测设备将监测到的数据传送到健康数据管理与分析平台上，在这里人们可以跟踪自己或家庭成员的健康情况，查看根据实际情况生成的健康报告，及时发现可能存在的健康风险。医疗服务等应用健康程序则能够根据实际健康数据给出专业的、个性化的健康建设与管理方案，如健身计划、饮食安排等，帮助人们更好地管理自己的健康。

此外，人们还可以通过视频通话或在线聊天的方式与医生交流，获取医疗咨询和健康建议。

家庭健康系统

如何使用可穿戴设备实现居家就医

45

在通常情况下，人们需要亲自前往医院或诊所，才能获得医生的诊断和治疗。而在人工智能技术高速发展的今天，患者可以使用可穿戴设备通过电话、视频通话或在线咨询等方式与医生进行交流和诊疗，而无须亲自前往医疗机构，实现居家就医。通过可穿戴设备，用户可以更方便地获取个人健康信息，并且在日常生活中进行个人健康管理，也能更方便快捷地获取医疗服务。

要实现居家就医，首先要根据自己的健康需求和个人喜好选择合适的可穿戴设备，如智能手表、手环、眼镜、耳机等。这些可穿戴设备能够监测并传输我们的实时健康数据。接着我们要将运行中的可穿戴设备与健康数据管理平台或医疗应用程序连接起来，使平台或应用程序可以接受、记录并分析实时健康数据，掌握整体的健康状况，并根据我们的健康状况与医生

的建议给出相应的健康管
理方案，发送健康监测与
提醒。而一旦检测到我们
的身体出现了任何的异常
情况，平台会立即通过可
穿戴设备发出警示并呼叫

医疗智能手表

远程医疗服务。医生会通过健康数据和症状描述来提
供医疗建议和诊断。在日常生活中，我们也可以通过
健康管理平台获取医生的远程诊断与医疗咨询服务。

人工智能如何帮助我们养老

46

　　人工智能技术在养老领域的应用场景很多，下面
列举一些常见的应用场景及其具体的应用实例。

　　（1）智能化的健康管理和监护。通过人工智能
技术，可以对老年人的生理参数、行为数据等信息进

行实时监测和分析，提供个性化的健康管理和监护服务。例如，美国的 AliveCor 公司开发了一款名为"KardiaMobile"的智能心电图仪，可以通过智能手机或平板电脑进行心电监测，为用户提供实时的心脏健康状况评估和建议。

（2）智能化的照护和陪伴。通过照护机器人和虚拟助手等技术，可以为老年人提供日常照料、陪伴和互动服务，缓解老年人的孤独和抑郁情绪。例如，日本的"Robear"机器人可以为老年人提供起床、梳洗、穿衣、进食等生活照料服务，有效提高老年人的生活质量和幸福感。

（3）智能化的家庭环境管理。通过智能家居系统和环境监测技术，可以对老年人的生活环境进行实时监测和控制，提高老年人的居住安全和舒适度。例如，中国的"小黄狗"智能家居系统可以自动检测老年人的身份、姿态、行为等信息，实现智能化的家居环境管理和安全防范。

（4）智能化的社区服务。通过基于人工智能的智慧社区系统，可以实现社区智能化管理、社交互动、健康监测等功能，帮助老年人保持社交互动和心理健康。例如，中国的"云智慧社区"平台可以通过社交、娱乐、健康管理等功能，为老年人提供多元化的社区服务和支持。

（5）智能化的养老院服务。人工智能技术可以为养老院提供更加高效、智能化的服务，例如基于人工智能的智慧养老院系统，可以自动控制养老院的设施和设备，为老年人提供更加安全、舒适的生活环境；基于人工智能的机器人技术，可以为老年人提供陪伴、娱乐、康复训练等多种服务。

什么是人工智能居家养老服务

人工智能居家养老服务，指的就是利用物联网、大数据等人工智能技术，为老年人提供智能化的家庭养老服务与居家生活辅助，包括健康监测、日常生活助手、智能家居控制等功能，使老年人足不出户就能安心享受养老生活。

在健康监测方面，人工智能可以通过可穿戴设备与传感器等设备实时监测老年人的生理参数，如心率、血压等，据此提供健康咨询和提醒服务，并将数据传输给医疗机构。如有突发情况，人工智能会立即呼叫家庭成员及医疗救援，并为老年人提供紧急援助措施。

在日常生活方面，人工智能可以利用机器学习和语音交互等技术，帮助老年人解决日常生活中的问题，如打扫烹饪等家务活动、购物、预定出行等。此外，人工智能还可以通过智能家居系统实现远程控制和安全监测，精心调控温度、湿度等环境条件，为老年人提供更加便利和安全的居家环境。

居家养老

人工智能居家养老服务的目标是提高老年人的

生活质量，延缓老龄化带来的社会负担，同时减轻家庭成员的照顾压力。通过智能化的居家养老服务，老年人可以及时得到所需的帮助和支持，更加独立地生活。

什么是智能化的养老院服务

48

    智能化养老院，顾名思义，就是指通过引入先进的人工智能技术和智能设备，使养老院的服务和管理更加智能化和高效化的养老机构。比起普通养老院，智能化养老院能够为老人提供更加多样化、智能化、个人化的养老服务。

    那么智能养老院，到底"智能"在哪儿呢？

    （1）智能安全监测。智能养老院利用机器视觉、智能传感器等技术，实时监控养老院的安保情况，监测老年人的活动，提供安全保障，及时发现异常情况并采取相应措施。

（2）智能健康监测。智能养老院通过智能手环、智能手表、智能床垫等智能健康设备获取老年人的实时生理数据，保障老年人的健康状况，发现潜在的健康风险，并采取相应措施提供医疗服务。

（3）智慧医疗服务。智能养老院通过医疗机器人、护理机器人、智能健康诊断以及远程问诊等人工智能技术，为老年人提供更加方便快捷的医疗就诊服务，着重解决老年人的就医困难，减轻就医负担。

（4）智能生活设施。智能养老院通过完善的智能家居系统，精准调控老年人生活环境中的各类指标，还有感光窗帘、自助点单、点单式照护等设备与服务，全力为老人打造最舒适的养老环境。更有智能社交平台，在保证老人上网安全的同时保证老人可以与家人、朋友和其他老年人进行沟通交流、分享生活经验，减少社交孤立感，提高情感生活幸福度。

智能化养老院

什么是智能化健康管理和监护

49

　　智能化健康管理和监护指的是利用人工智能技术来监测和管理个体的健康状况。通过智能设备和传感器，可以收集和分析个体的生理指标、活动数据和环境信息，为个体提供个性化的健康管理和监护服务。智能化健康管理和监护是智慧医疗服务、居家就医服务和智能化养老服务的重要组成部分。

　　智能化健康管理和监护可以分为"监护"和"健康管理"两个部分。监护指的是通过智能手表、手环等智能设备与传感器监测并记录个体的实时相关数据，如睡眠质量和运动量等。健康管理是利用大数据、互联网等人工智能数据，通过智能设备与传感器所连接的健康管理平台或应用程序，实现疾病预防和早期发现、用药提醒和管理、健康咨询和紧急救援等功能与服务。

　　智能化健康管理和监护可以提高使用者的健康意

识和自我管理能力，促进健康生活方式的养成，减少疾病的发生和并发症的发展，有效提高生活质量。

什么是智能化的照护与陪伴

　　智能化的照护与陪伴是指利用人工智能技术来提供个性化、高效和全面的照护与陪伴服务。这种服务通常应用于老年人、残障人士或有特殊需求的人群，旨在改善他们的生活质量，并提供安全、舒适的居家环境。通过智能健康监测设备、智能居家安全系统等，可以实现对个体精细化的、智能化的照护，而互动机器人等智能机器人则能够做到贴心陪伴与互动。

　　（1）智能健康监测设备。使用传感器和监测设备来监测被照护者的生理指标，如心率、血压、血氧等。这些设备可以通过无线连接将数据传输给医护人员或家庭成员，以便及时监测身体状况并采取必要的措施。

（2）智能居家安全系统。安装智能安全设备，如摄像头、烟雾 / 气体探测器、门窗传感器等，监测居家环境是否安全。通过手机应用或电脑软件，可以实时查看监控画面，接收警报通知，并远程控制设备。

（3）智能日程管理。使用智能手机应用或电子设备来帮助被照护者管理日常活动和任务。这些应用可以发送提醒和提示，例如吃药时间、医疗预约、社交活动等，以确保被照护者不会错过重要事项。

（4）社交互动机器人。利用人工智能技术开发出具有语音识别和语音合成功能的机器人，可以与被照护者进行对话和互动。这些机器人可以回答问题、播放音乐、讲故事等，提供陪伴和娱乐服务。

什么是智慧金融

金融是个很大的概念，具体包括了货币的发行与

金融是货币资金融通的总称

回笼、存款的吸收与付出、贷款的发放与回收、金银与外汇的买卖、有价证券的发行与转让、保险、信托、国内外的货币结算等。银行、信托投资公司、保险公司、证券公司、投资基金公司等，都是从事金融活动的机构。那么，所谓的"智慧金融"又是什么呢？

智慧金融是指依托于互联网技术，运用大数据、人工智能、云计算等金融科技手段，使金融行业在业务流程、业务开拓和客户服务等方面得到全面的智慧提升，实现金融产品、风控、获客、服务的智慧化。智慧金融的目标是通过技术与金融的深度融合，优化金融机构的运营效率，改善用户体验，降低风险并提高普惠性。智慧金融有以下几个特点：

（1）数据驱动。智慧金融倚重大数据和人工智能等前沿技术，对金融机构的庞大数据进行采集、整理和分析，以实现智能决策和精准风控。通过对海量数据的挖掘和分析，可以更好地洞察市场趋势、个人需求和风险预测，为金融机构提供更科学、准确的决策依据。

（2）金融创新。智慧金融推动了传统金融业务的创新和变革。例如，移动支付、互联网借贷、数字货币等新兴业务的崛起，以及智能投顾、智能保险、区块链金融等新型金融产品和服务的兴起，都是智慧金融的产物。这些创新改变了传统金融业务的模式和流程，提升了用户体验和便捷性。

（3）个性化服务。智慧金融注重根据用户的需求偏好和风险偏好进行个性化的金融服务。通过数据分析和智能算法，智慧金融可以为用户提供量身定制的理财规划、投资建议、风险评估等，满足用户的个性化需求，并提供更优质的用户体验。

（4）金融科技合作。智慧金融鼓励金融机构与科技公司、创新企业等进行合作，共同推进金融科技的发展和应用。金融机构借助科技公司的技术优势和创新能力，加速数字化转型，提高效率和竞争力；而科技公司则能够借助金融机构的资源和专业知识，实现金融创新的落地和商业化。

人工智能如何守护金融安全

52

  金融安全对经济的稳定和个人财务的保护至关重要，可以维护金融机构和投资者的信心，防止金融危机和欺诈行为，保护个人财产免受风险和损失。随着科技发展，人工智能在金融安全领域也得到越来越广泛的应用。

  人工智能可以通过对大量金融数据的分析和模式识别，快速准确地识别出可疑交易、欺诈行为和其他异常活动。它可以分析历史数据，构建复杂的风险模型，并在检测到潜在风险时及时发出预警通知，帮助金融机构采取相应的措施，阻止潜在的安全威胁。

  利用机器学习和深度学习算法，人工智能在反欺诈方面也能发挥重要作用。通过对用户的行为模式、交易记录和其他特征进行分析，识别出可能存在的欺诈行为。它可以自动化地监测和识别欺诈模式，并根据实时数据进行更新和调整，不断提高欺诈检测的准确性和效率。

人工智能还可以应用于身份验证领域，包括面部识别、指纹识别、声纹识别、虹膜识别等技术，以确保只有合法授权的用户可以访问敏感金融信息和进行交易。这些技术可以辅助传统的身份验证方法，提高识别精度和减少冒名行为的风险。

以后去银行还需要排队吗

53

或许大家会想问，智慧金融到底和我们的生活有多密切的关系呢？智慧金融的发展会如何影响非金融从业人员的生活呢？最简单的一个问题是，以后去银行还需要排队吗？

事实上，现如今需要我们亲自去银行处理的业务已经比过去少得多了。通过网上银行和手机银行应用，人们可以随时随地进行各种金融交易和操作，如转账、支付账单、查询余额等，无须亲自前往银行排队。而伴随着人工智能的发展，许多银行已经开始提供人工智能在线客服支持。通过智能聊天机器人或语音助手，用户可以得到实时帮助和问题解答，无须亲自前往银行咨询。

　　尽管如此，某些交易可能仍需要亲自前往银行，例如开设新账户、办理大额贷款、办理国际汇款等复杂或需要身份验证的业务。此外，有些人可能更喜欢面对面交流，因此仍然会选择去银行柜台办理业务。综合以上信息，人工智能的发展使得银行服务更加多样化和便捷化，但是否需要去银行排队仍取决于具体的业务需求和个人偏好。

什么是人工智能教育
54

　　人工智能教育是指通过教育和培训，向学生和从业人员传授人工智能相关的知识、技能和思维方式的过程。其目的是培养学习者对人工智能的理解、应用和创新能力。

有一个常见的误区便是把人工智能教育等同为"教人工智能课",或者是"人工智能上课"。人工智能教育可以被分为:应用层面的"人工智能赋能教育"以及学习层面的"人工智能课程教学"。人工智能赋能教育是通过精准干预、规模化教学、个性化学习等方式,培养学习者的智能素养,实现教育高绩效、构建智能教育新生态等目标。人工智能课程教学,主要是指借助智能感知、教学算法等技术,利用教育科普、课堂教学、专业建设等形式对学习者进行人工智能知识教育、应用能力教育、情意教育等,全面提升学习者的人工智能素养,为社会培养人工智能领域的高级人才。

应用层面的人工智能赋能教育包括用人工智能技术辅助学生学习、教师教学、校园管理、教育评价等教育教学的全流程。学习层面的人工智能课程教学主要从人工智能课程设置、课程实践、师资、资源以及未来建设等方面,对学习者进行人工智能知识教育,全面提升学习者的人工智能素养。所以，人工智能教育不仅包括开设人工智能相关课程，还包括运用人工智能技术帮助学生学习、老师教学、校园管理。

人工智能教育包括什么

什么是教育机器人

55

　　教育机器人是专门面向教育领域开发的，以培养学生分析能力、创造能力和实践能力为目标的机器人。目前已经开发的教育机器人主要包括编程机器人、早教机器人、作业机器人。编程机器人主要是以机器人为教具提供编程课程，服务和协助教学活动，培养学生动手能力、编程能力。早教机器人主要在家庭场景使用，一般具备编程、英语、讲故事、唱歌等技能，用于陪伴孩子成长。作业机器人可以辅助教师布置、批改作业，让学生自主学习、巩固知识。

教育机器人

如何让孩子不过分依赖人工智能

56

有些家长或许近期在新闻 App 上刷到了不少关于学生使用人工智能工具 ChatGPT 来撰写论文，达到了以假乱真的地步，国外多所中小学已经禁止使用 ChatGPT。这令人不由得担心自己的子女或孙辈会使用人工智能应用来完成假期作业。

家长们的担心不是多余的，在教育领域，如何更好地发挥人工智能的作用，最大限度地减少负面效应，一直是教育领域的专家、学者积极探索的问题。纽约教育局宣布限制纽约市公立学校的网络使用 ChatGPT；新加坡则公开表示支持在其教育系统使用 ChatGPT 等人工智能工具。对于人工智能工具，应该像大禹治水一样，不能一味地"堵"，而是要"疏"。

首先，要培养孩子的思考能力、批判思维和创造性。人工智能具有强大的运算、模仿、搜索能力，能够对海量知识进行高效"搬运"和"重组"，但是教育的本质是培养孩子独立思考的能力，如果孩子能运用人工智能工具，帮助自己探索相关的领域，在此基础上提出批判性思考，那么将会极大地提升人类知识生产的速度。另外，人工智能也可能会出错，所以对人工智能提供的知识不能一味接受，需要有思考和判断的能力。更重要的是，人工智能再怎么强，也只有理性，它就是一个超级大学霸。学霸是很聪明的，但智慧要比聪明更高一个层次。它缺乏我们人类所具有的直觉、悟性、想象力，人类要培养和发挥这种独特的思维，从而去创造性地探索和发现。

其次，要培养孩子使用人工智能、与人工智能工具交互的能力。在人工智能时代，运用人工智能才是最为重要的能力，人工智能工具需要在和人的交互中才能更好地发挥价值，就像对于同一件事情，两个人在百度用不同的关键词，搜索到的结果可能存在质量差距一样。

最后，孩子不能依赖人工智能，同样，家长也不能过分依赖人工智能教育孩子。孩子的成长中少不了陪伴，人工智能无法成为孩子唯一的陪伴来源。家长不能将教育的责任转嫁给老师，同样不能转嫁给人工智能，应该多用亲身的陪伴呵护孩子成长。

有人工智能了，还需要老师吗

57

不可否认的是，人工智能能够帮助老师教学。人工智能能够帮助老师备课、布置作业、批改作业、带领朗读，编程机器人还能够协助编程教学，这些不仅能够将老师从机械、重复的工作中解放出来，还能带来全新的教学体验。

但是，人工智能无法替代老师教学。孩子的成长除了学习知识，更重要的是感情陪伴、社会化引导、思维启发。人工智能具有优于人类的记忆、运算能力，但是人类的独特情感是人工智能无法替代的。人工智能无法像老师一样饱含深情地朗读诗歌，带学生体会中华传统文化之美，假如孩子在学校被孤立了，心理出现问题，人工智能更是无法察觉。所以老师的作用不仅仅是教授孩子知识，更是引导孩子成长，人工智能是无法替代这一职责的。

人类加人工智能，才是未来教育的出路。人工智能助力教育，而不是要取代人类教学，未来人工智能教育的方向将会是更全面的素质教育，以兴趣导向、以孩子为主，培养孩子的自主思考能力，重视情感和价值的培养，重视培养孩子使用人工智能工具去创造价值的能力。

什么是智慧公交

58

智慧公交作为智慧交通的重要一环，近些年愈发受到重视，随着相关技术的发展与成熟，智慧公交的建设力度与完善度也在逐步提高。

智慧公交指的是运用智能化技术和信息通信技术

对公共交通进行管理和服务优化的概念，旨在对城市交通系统进行全方位的构建，为城市搭建安全、绿色、舒适、快捷、准时的智慧出行服务系统。智慧公交系统在大数据、云计算、物联网等交通新科技的基础上，通过在公交车上安装 GPS 定位系统、GIS 地理信息系统和车载调度系统对车辆 GPS 数据、行驶道路视频、车内客流等数据进行采集并分析，建设公交智能调度中心，根据交通数据对线网及时进行优化、车辆进行智能调度，实现智能排班，提高公交车辆的利用率。同时通过建设完善的视频监控系统实现对公交车内、站点及站场的监控管理，站点 LED 对线路的实时动态显示，移动 App 的实时线路动态查询达到"三位一体"全方位服务。

通过智慧交通系统，我们在准备出行时就可以在手机端或 PC 端查询到达目的地所需乘坐的公交路线与最近停靠站点、公

智慧公交

交实时位置与预计到达时间、路线拥堵程度等信息，更好地规划出行计划与出发时间。智慧交通系统大大提高了居民通过公共交通出行的效率与便利程度，有助于提高居民对公共交通的依赖度、评价指数与生活质量。

什么是无人驾驶

59

　　无人驾驶这个概念在近些年很是流行，许多汽车企业与互联网企业都对这一领域十分热衷，那么它到底是什么意思呢？无人驾驶技术，顾名思义，就是指在无须人类干预的情况下，让汽车自身拥有环境感知、路径规划并自主实现车辆控制，从而实现汽车驾驶自动化的技术。理论上来说，无人驾驶技术的应用能够提高道路利用率，提高出行效率并且提高驾驶安全性，减少交通事故，并为老年人、残疾人自驾出行和交通拥堵问题提供解决方案。随着人工智能技术与智慧交通概念的发展，无人驾驶技术已经成为相关领域的研究热点之一，被广泛认为是未来交通发展的重要方向。

无人驾驶技术的核心包括以下几个方面：

（1）感知。无人驾驶车辆通过传感器（如激光雷达、摄像头、雷达等）来感知周围环境，获取道路、交通标志、行人、其他车辆等信息。

（2）决策。基于感知数据和预设的规则，无人驾

无人驾驶汽车

驶车辆中的计算机系统会进行实时分析和决策，确定最佳行驶路线、速度和驾驶策略，以确保安全和效率。

（3）控制。无人驾驶车辆通过操纵车辆的刹车、加速、转向等控制系统，使车辆按照决策结果进行实际操作。

和许多人工智能产物一样，无人驾驶系统能够基于机器学习和深度学习算法，通过对大量数据的收集和分析，从已有经验中学习，不断优化和改进自身的性能。

目前国际上最权威的无人驾驶分级标准由国际自动工程师学会（SAE International）制定，也就是SAE国际自动驾驶分级。它将无人驾驶技术按照自动化程度划分为六个级别，分别是 Level 0（无自动化）、Level 1（驾驶员辅助）、Level 2（部分自动化）、Level 3（有条件自动化）、Level 4（高度自动化）、Level 5（完全自动化）。而根据我国于 2022 年 3 月 1 日正式实施的针对自动驾驶功能的《汽车驾驶自动化分级》国家推荐标准（GB/T 40429—2021），无人驾驶同样被分为六个级别，与 SAE 国际自动驾驶分级类似。

其中，Level 0 到 Level 2 被认为是辅助驾驶技术，在这些级别中，系统可以提供一些辅助功能，如巡航控制、车道保持等，但驾驶员需要持续监控和参与驾驶。Level 3 及以上的级别被称为自动驾驶技术。在 Level 3 中，系统可以在特定条件下实现自主驾驶，而驾驶员则可以将注意力从驾驶任务转移到其他事务上。然而，驾驶员仍需能够在系统要求时恢复对驾驶的控制。Level 4 和 Level 5 则是更高级别的自动驾驶技术。在这些级别中，车辆具备更高程度的自主性，甚至能够在所有道路和环境条件下实现完全自动驾驶，驾驶员不再需要参与驾驶任务。

尽管目前的无人驾驶技术离达到完全自动驾驶的 Level 5 标准仍有很长的距离，但最先进的自动驾驶技术已经在 Level 4 标准上取得了一些进展，并且在一些特定领域进行了试点应用。与此同时，自动驾驶功能商业化也在逐级放开：2023 年 6 月 21 日，工信部在国务院政策例行吹风会上透露，将支持有条件的自动驾驶，包括 Level 3 级及更高级别的自动驾驶功能商业化应用。

无人驾驶安全吗

60

大致了解了何为无人驾驶技术后，或许有一些读者的内心会产生这样一个疑问：连人都无法彻底掌握、事故频发的汽车，人工智能真的能够操控它并保证行驶的安全吗？无人驾驶汽车与传统的人力驾驶汽车相比，在安全性能上有什么优劣呢？

无人驾驶汽车能够避免由于人类司机疲劳、分心、驾驶技术不佳等原因导致的人为错误。这可以减少交通事故的风险，提高道路安全性。凭借搭载的各种传感器和高级感知技术，无人驾驶汽车还能够实时、全方位地感知周围环境，并快速做出相应的决策和行动。因此与人类司机相比，无人驾驶系统具有更高的反应速度和准确性，能够更好地应对突发情况。

然而，无人驾驶汽车也有劣势。例如无人驾驶汽车的驱动需要依赖辅助设施，如高精度地图、通信网络等来实现，当这些设施不稳定或缺乏时，可能会对无人驾驶系统的安全性产生影响，特别是在下雨天等环境，雨水对于激光雷达、毫米波雷达等车辆传感器的性能或有一定程度的干扰。随着相关技术的不断进步与完善，无人驾驶汽车的安全性有可能得到进一步提升。

无人驾驶出了车祸该如何判定

61

根据《中华人民共和国道路交通安全法》的规定，机动车辆发生交通事故应当由肇事人承担全部责任。然而这似乎只适用于一般的交通事故，对于没有驾驶人的自动汽车来说，车祸的责任又该如何判定呢？

我们可以先来看看欧美国家对类似事故是如何规定的。根据英国2018年《自动与电动汽车法案》，若自动驾驶汽车行驶在公共道路上且已购买保险，全部责任应由保险公司承担，同时，若受害者对事故的发生有共同过失责任，则保险公司或车主仅需对该起事故承担部分责任，剩余部分责任应由受害者自行承担。2017 年，德国通过《道路交通法第八修正案》，规定因自动驾驶汽车过错导致对方出现生命财产受损时，如果事故发生在人工驾驶阶段，则由驾驶人承担责任；如果发生在系统运作阶段，或由于系统失灵酿成事故，则由汽车制造商承担责任。

对于国内的无人驾驶汽车事故责任问题，国内立法总体上存在空白，在这种情况下，地方层面的部分地区立法尝试具有一定参考价值。

2022 年 8 月 1 日《深圳经济特区智能网联汽车管理条例》（以下简称《条例》）正式实施，《条例》中的智能网联汽车包括有条件自动驾驶、高度自动驾驶和完全自动驾驶 3 种类型，也因此被视为国内首部 Level 3 级的法规。其中第五十三、五十四条将交通事故责任与产品责任分为两步进行认定，由"驾驶人、所有人、管理人"作为第一顺位责任主体，将"生产商、销售商"作为第二顺位责任主体。目前来看，只要 Level 3 级别或 Level 4 级别自动驾驶系统开启状态下，若车辆发生交通事故，第一责任人均是驾驶人。

什么是共享停车产品

62

近些年共享经济发展迅速，随之诞生的各类共享产品也极大地丰富、便利了我们的生活。出行时有共享单车、共享电动车，街边店铺中常备的共享充电宝，宿舍、公寓中的共享洗衣机、吹风机，等等。这些物品并不为使用者所拥有，但任何人都能够短暂地拥有并行使使用权。资源共享、灵活使用，这就是"共享"的含义。

那么共享停车产品又是什么呢？

共享停车产品是一种基于共享经济模式的停车服务产品，它能够通过线上平台或移动应用程序连接停车场资源和停车需求，将空闲的停车位与需要停车的用户进行匹配和共享，从而提高驾驶者寻找车位的效率。共享停车旨在优化资源分配，解决城市停车难题，并提供更便捷、高效的停车体验。通过共享停车服务，用户可以在手机平台上查询目的地附近空闲的停车位并提前预订，平台会提供位置信息与导航服务，帮助用户前往预定好的停车位，用户按照停车位的使用时间线上付款。通过这种方式，共享停车服务可以最大限度地避免驾驶出行时寻找停车位产生的资源浪费和拥堵，提高城市停车的效率和便利性。

共享停车

什么是智慧交通

63

　　智慧交通是以互联网、物联网等网络组合为基础，以智慧路网、智慧装备、智慧出行、智慧管理为重要内容的交通发展新模式。2009 年，IBM 公司在智能交通的基础上提出了智慧交通的概念。通过收集、分析和应用交通数据，智慧交通能够提高交通流动性、安全性和可持续性，为城市居民和通行者提供更便捷、高效和舒适的交通体验。智慧交通的目标是实现交通系统的智能化、高效化和绿色化，提升居民生活质量和城市可持续发展。

　　智慧交通大大提高了交通管理的效率。利用先进的交通控制系统、智能信号灯、智能交通监测设备等技术，智慧交通系统能够对交通流进行实时监测和管理，优化信号配时，缓解交通拥堵。除此之外，智慧交通系统还能够通过智能调度和优化算法，提供实时路况信息、导航推荐和路径规划，帮助驾驶员和乘客选择最佳的出行路线，减少拥堵，优化交通，使出行变得更加便捷高效。

　　智慧交通的关键特点和技术包括：

　　（1）数据收集与共享。利用传感器、视频监控、车联网等技术手段，实时收集交通相关数据，如车流量、道路状态、停车位等，并将这些数据共享给交通管理部门和用户。

　　（2）智能交通管理。通过实时数据分析和预测模型，智能交通系统可以优化交通信号控制、路况调度和交通资源分配，以最大限度地减少交通拥堵、缩短出行时间并提高路网效率。

（3）交通信息服务。智慧交通通过各种方式向用户提供实时的交通信息服务，如交通导航、公共交通查询、停车导引等，帮助用户选择最佳出行方案，减少路途中的不确定性和时间浪费。

（4）智能驾驶和车辆通信。智慧交通借助先进的车辆感知技术、自动驾驶系统和车辆间通信，提供更安全、高效的交通运输方式，降低事故风险，并增加道路容量和使用效率。

（5）可持续交通规划。智慧交通将可持续发展原则应用于交通规划和管理中，鼓励和支持环保交通方式，如公共交通、骑行和步行，以减少交通排放和城市空气污染。

智慧交通

什么是智能家居

64

　　智能家居是指利用先进的信息技术和互联网技术，将各种家居设备、家电以及其他智能化设施通过互联网进行连接，实现相互之间的数据交互和远程控制的一种居住环境。智能家居系统可以通过传感器、网络通信、人工智能等技术，对家庭内部的照明、空调、安防、家电、音视频设备等进行集中管理和控制。

　　智能家居的目标是提供更加便捷、舒适、安全、节能的居住体验。通过智能家居系统，用户可以通过手机、平板电脑或语音助手等智能终端，随时随地对家居设备进行控制和监测。例如，可以通过手机远程控制家中的灯光和电器开关，调整室温，监控家庭安全，播放音乐或视频等。此外，智能家居还可以通过熟悉用户的习惯和需求，自动执行一些预设的场景，如根据天气情况自动调整室内温度，或者根据用户的起床时间自动开启窗帘等。可以说，智能家居不仅提高了家居生活的便利性，还能够实现能源管理和环境保护。通过智能家居系统，用户可以监测和控制家中的能源消耗，合理优化电力资源和水资源等，达到节能减排的目的。

　　未来，智能家居的发展方向将会以个性化为核心。更加智能化和人性化的智能助手将成为智能家居的核心，能够理解用户需求、自动熟悉家庭习惯，并提供更精准、智能的服务。

智能家居

什么是智能安防

65

　　智能安防是一种基于智能技术和设备的安全监控和防护系统。它融合了视频监控、入侵检测、报警系统等功能，通过感知、分析和响应来保障用户的安全。智能安防的核心是视频监控系统。通过高清摄像头，智能安防系统能够实时监控被保护区域的情况，并将视频传输到用户设备上。这样用户可以随时远程查看家庭或其他地方的实时画面，增强对安全状况的了解。

　　智能安防系统还具备智能识别能力。通过人脸识别、行为分析等算法，系统能够自动识别出人类或物体，并判断其是否异常。例如，当系统发现陌生人员出现在被保护区域时，会立即触发报警并通知用户，以便及时采取措施。

　　智能安防系统还可以与其他智能家居设备进行互联。例如，与智能门锁结合使用可以实现远程开关门的功能，用户可以通过手机远程控制门锁，授权访客

　　的进入权限，提高出入口的安全性。智能安防系统也注重用户体验和便利性。用户可以通过手机应用程序对系统进行远程监控，无论身在何处都能够实时了解家庭或其他场所的状况。

　　未来，智能安防系统将继续发展和完善。随着人工智能技术的不断进步，智能安防系统的识别和分析能力将更加精准和高效。智能安防系统还将与更多的智能设备进行整合，如声音识别、温湿度感知等，进一步提升安全性和便利性。

智能安防

什么是扫地机器人

66

扫地机器人是一种自动化的清洁设备，它能够代替人类进行地面清扫工作。扫地机器人利用先进的感知技术和机器人控制算法，能够智能地规划路径、识别障碍物，并自主完成地面的清扫任务。扫地机器人配备了多种感知技术，如传感器、摄像头、激光雷达等，以便实现环境感知和路径规划。它们能够感知周围的墙壁、家具和其他障碍物，并且能够智能地绕过它们，避免碰撞和损坏。有些高级的扫地机器人还具备地图绘制功能，能够建立房间地图，并根据地图规划清扫路径，确保全面而高效的清洁。

近年来，扫地机器人的智能化程度不断提高，许多型号还可以通过智能手机应用进行远程控制和监控。用户可以随时查看机器人的工作状态、清扫进度和地图等信息，甚至可以设置清扫计划和区域禁入等功能。这使得用户能够更加灵活方便地管理和控制扫地机器人的工作。

　　扫地机器人的出现极大地减轻了人们的家务负担，节省了时间和精力。它们能够持续工作，即使在用户离开家后也能独立完成清洁任务，让家庭始终保持整洁。同时，扫地机器人还采用了环保节能的设计，使用高效的吸尘器和智能化的清扫策略，减少了能源的消耗和噪声的产生。

　　随着技术的不断进步和市场需求的增加，扫地机器人将继续发展。未来的扫地机器人可能会具备更强大的清洁能力、更智能的感知技术和更高效的路径规划算法，以满足日益复杂的清洁需求。

扫地机器人

什么是智能音箱

67

　　智能音箱是一种集成语音识别和人工智能技术的智能家居设备。它以小巧的外观设计为特点，内置多种传感器、扬声器和麦克风等元件，通过与用户进行语音交互，提供多种实用功能。智能音箱的核心技术之一是语音识别技术。它能够将用户说出的语音信号转化为可识别的文本信息。当用户说出特定的唤醒词后，智能音箱自动激活，开始接收用户指令。通过语音识别技术，智能音箱能够准确、迅速地将用户的语音指令转化为可理解的文字形式。另一个核心技术是自然语言处理。智能音箱通过自然语言处理技术对用户指令进行理解和分析。这项技术使得智能音箱能够理解用户的意图，并做出相应的回答或操作。例如，用户可以通过语音指令询问智能音箱今天的天气情况，智能音箱会通过自然语言处理技术解析指令，查询天气信息，并回答用户的问题。通过这些技术，智能音箱能够实现多种服务功能。

（1）作为一个智能助手，提供日程管理、天气查询、新闻资讯等服务。用户可以通过语音指令告知智能音箱的日程安排，智能音箱会记录并提醒用户相关事项。同时，智能音箱可以实时提供天气信息、播报新闻资讯，让用户随时获取到所需的信息。

（2）智能音箱还具备音乐播放功能。用户可以通过语音指令点播自己喜爱的音乐，智能音箱会连接到相应的音乐服务平台，为用户播放所选歌曲或音乐列表。用户可以通过简单的语音指令控制音量、切换歌

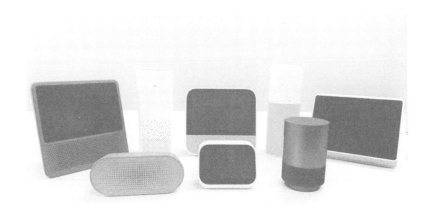

各款智能音箱

121

曲等操作，享受便捷的音乐体验。

（3）部分智能音箱还支持智能家居控制。用户可以通过语音指令控制智能音箱连接的智能家居设备，如灯光、温度、窗帘等。例如，用户可以说"打开客厅灯"或"关闭空调"，智能音箱会通过与智能家居设备的连接，实现远程控制和自动化操作。

什么是聊天机器人

聊天机器人，又称对话系统或对话机器人，是一种能够模拟人类对话行为的人工智能程序。其目标是能够与人类进行自然而流畅的对话，并以自然语言作为交互媒介，实现信息交流和解决问题的功能。聊天机器人利用自然语言处理、自然语言生成、机器学习等技术，通过分析用户输入的语句，了解用户意图并作出相应回答。它可以回答用户的问题、提供相关信息、执行指令等，以满足用户的需求。

聊天机器人的工作原理一般包括以下几个步骤：

（1）语音识别。将用户的语音信号转化为文本形式，便于后续处理。

（2）自然语言理解。对用户的输入进行分析和理解，解析用户意图，确定应该采取何种回应行为。

（3）对话管理。根据用户的意图和系统的任务，决定如何回应用户，并选择合适的回答方式。

（4）自然语言生成。根据对话管理结果，生成合适的自然语言回复，以满足用户的需求。

（5）语音合成。将生成的文本回复转化为语音信号，使机器人能够口头回应用户。

聊天机器人可以用于多种场景和领域，例如客服领域，企业可以将聊天机器人应用于在线客服系统中，让用户能够通过对话与机器人交流，获取产品信息、解决常见问题，提高客户服务

聊天机器人与人类互动

123

效率和用户体验。聊天机器人在教育领域也有广泛应用，可以作为辅助教学工具，回答学生的问题、提供学习资源和指导。

老年生活中哪些智能家电可以带来帮助

69

老年人的生活质量和便利性是整个社会关注的重要问题。智能家电的发展为老年人的生活提供了诸多便利，帮助他们更好地适应现代科技发展。

（1）智能助手设备。智能助手设备如智能音箱等，可以通过语音识别与老年人进行交互，提供信息查询、日历管理、闹钟设置等功能，帮助老年人更方便地管理日常生活。

（2）智能照明系统。智能照明系统配备了感应器、定时器和远程控制功能，老年人无须长时间停留在黑暗中寻找开关，只需通过手机或声控指令就可以控制灯光的开关和亮度调节。

（3）智能安防设备。智能门锁、智能监控摄像头等设备可以提高老年人的安全感。老年人可以通过手机远程查看家中情况，并设置警报功能，在有异常状况时及时得到通知。

（4）智能健康监测设备。智能手环、智能血压计等设备可以帮助老年人监测自己的健康状况，如心率、血压等，同时提供数据分析和提醒功能。

（5）智能电视和娱乐设备。智能电视具有语音操控和智能推荐功能，老年人可以通过语音指令轻松切换频道、调整音量等。

此外，老年人还可以通过智能音箱或平板电脑观看电影、学习新技能或与家人远程交流。

智能家电

老年人如何挑选适合自己的智能家电

70

现如今市面上的智能家电品牌五花八门，价格与质量也参差不齐，作为老年人，该如何挑选合适的智能家电呢？

（1）需求评估。首先，老年人应该明确自己的需求和目标。思考自己最需要什么样的智能家电来提高生活质量，最注重哪些功能，预算在什么价位等。

（2）罗列目标。搜集市面上可购买到的智能家电种类，了解这些家电的品牌、主要功能、价格与售后服务等信息，确保智能家电的功能符合需求，价格在预算之内，厂家提供的售后服务范围、保修期限以及维修渠道易于实现。

（3）综合考虑。阅读产品评论，感受消费者对市面上主流的智能家电的使用评价、售后服务评价与商家信誉评价，咨询亲友的使用经验，确认产品广告与商家描述的真实性。综合自己的需求与产品的特点选择合适的智能家电。

此外，当老年人已经拥有一些智能家电或智能设备时，应注意新购买的智能家电是否与现有设备兼容。比如，如果老年人已经拥有智能音箱，那么选择支持与该音箱连接的其他智能家电会更加方便，避免造成设备冲突与资源浪费。

人工智能如何陪伴独居老人

随着我国老龄化程度逐渐加深，越来越多的退休老人步入了养老生活。然而子女或是忙于工作，或是忙于照顾下一代，往往忽略了老人养老生活中存在的一些问题。于是人工智能技术支持下的智能机器人应运而生，帮助老人更好地生活。

人工智能能够在健康安全检测与管理上为老人提供帮助。通过智能监测设备，人工智能可以帮助老人监测健康状况并提供相应的建议。例如，智能手环或智能家居设备可以收集老人的生理数据，并分析判断是否存在异常情况，及时提醒老人去医院或咨询医生。此外，智能健康应用还可以提供健康饮食建议、药物管理提醒等功能。在日常安全方面，人工智能可以监测老人的安全状况，并在有需要时提供帮助。例如，智能家居系统可以通过摄像头、传感器等设备监测老人的活动情况，发现异常行为（如跌倒、长时间不活动等）时自动发送警报或通知亲友。AI 还可以与紧急呼叫系统结合，让老人在紧急情况下能够及时得到帮助。

人工智能可以为独居老人提供社交互动的机会。例如，陪伴型智能机器人可以陪伴老人聊天、分享新闻、讲故事等，缓解孤独感，还能通过远程视频通话、社交媒体等方式，帮助老人与家人、朋友保持联系。

人工智能还可以简化老人的日常生活，并提供便利服务。例如，智能语音助手可以根据老人的指令打开电器、调节温度、安排日程等。搭载人工智能技术的机器人能够为老人完成洗衣、打扫、烹饪等家务，还可提供查找信息、购物、外卖点餐等服务，减轻老人的生活负担。

人工智能如何记录宠物生活

72

近些年，我国的家庭宠物拥有率不断上升，许多家庭都饲养了一只或更多的宠物。有研究证明，宠物能够为主人减轻焦虑和压力，提供情绪价值。然而宠物的饲养往往也是一大难题，对此，人工智能能够记录宠物生活，帮助主人更好地饲养宠物。

（1）利用智能穿戴设备如智能项圈、智能摄像机等，可以实时监测宠物的活动量、睡眠情况、消化情况等重要指标。这些设备通过传感器和数据采集技术，收集和记录宠物的运动轨迹、脉搏、呼吸等生理信息。例如，可以记录宠物的步数、跑步时间、游泳活动等，或者记录宠物的睡眠时长、活动范围等，从而评估宠物的身体状况。

（2）人工智能可以通过数据分析和模式识别技术，对宠物的行为进行记录和分析。通过对大量数据的收集和处理，人工智能可以学习宠物的行为模式，并提供相关建议。例如，在某一时间段内，宠物可能表现出异常活跃或缺乏食欲等不寻常行为，人工智能可以分析这些数据并提醒主人可能存在的问题，如宠物的健康问题或情绪异常。

（3）人工智能还可以根据宠物的特定需求提供个性化的建议和推荐。对于不同种类的宠物，人工智能可以了解并掌握其品种、年龄、体重等基本信息，据此为宠物提供适当的饮食计划、运动建议、行为训练指导等。例如，人工智能可以分析营养需求，制定合理的饮食方案，还可以提供有关宠物健康的知识和防病建议。

人工智能记录宠物生活

什么是智能家居适老化改造

73

适老化改造是什么？顾名思义，适老化改造就是指将现有建筑环境或物品通过改造和优化，使其适应老年人的特殊需求，提供更便利、安全、舒适的居住环境。适老化改造的目的是让老年人能够延续自主生活，提升他们的生活质量和幸福感。那么智能家居适老化改造就是将现有的住宅家居通过智能技术和设备的应用进行优化和改造，为老年人提供更安全、便捷和舒适的居住体验。

（1）更加智能化。老年人对最新科技产品的理解能力与操作能力往往有限，因此需要家居更加智能化，能够理解老年人的生活需求，从而自发运行与调整。减少手动操作的需求，加强声控，使老年人能够更好地掌握智能家居。

（2）更加精细化。老年人的身体机能下降，对温度和湿度的变化容易产生过敏和不适，这要求对居室

的环境控制更加精细化。智能家居应通过温度传感器
与湿度传感器等设备对居室内的环境进行精准调节，
保持舒适宜居的温度和湿度。此外，生活辅助类智能
家居也应考虑到老年人的实际需求，精细化运作，例
如，扫地机器人在拖完地后应确保地面没有残留水渍
使老年人有滑倒风险。

（3）更加个性化。智能家居改造时应考虑到老年
人的实际情况而提供相应服务，以满足老年人特殊看
护和照顾的需求，实现个性化服务，满足老年人的特
殊需求。例如，智能牙刷在运作时需要考虑到老年人
牙齿情况而定制刷牙方案，在保证口腔清洁的同时不
伤害牙龈牙釉质，从而避免其他口腔疾病。

什么是智慧零售

智慧零售是指通过运用互联网、大数据等先进的

信息技术和数据分析手段，来感知消费习惯，预测消费趋势，引导生产制造，为消费者提供多样化、个性化的产品和服务。智慧零售旨在改变传统零售业的商业模式和运营方式，提升零售业的效率、便利性和个性化程度，提升购物体验和服务水平。

智慧零售重视数据采集与分析。通过收集消费者的购物行为数据、偏好和需求等信息，结合人工智能和大数据分析技术，帮助零售商更好地理解消费者，预测市场趋势，进行精准营销和推荐。通过这种方式，智慧零售实现了更精准、个性化的服务，优化了消费者购物体验。

智慧零售注重创新科技应用。例如，引入物联网技术，实现商品的智能标签和追溯系统，提高供应链的可视化和管理效率。利用虚拟现实和增强现实技术，提供沉浸式的购物体验，让消费者可以在线上"试穿"服装或体验产品。

智慧零售还推动了无人零售店的发展，这样的无人店铺节省了劳动力成本，提供了更加便捷和高效的购物方式。

什么是无人售货

75

　　无人售货，也称为无人销售或智能售货，是指利用先进的信息技术、自动化设备和无人化管理模式，实现在无人值守或无人操作的情况下进行商品销售的一种零售方式。其核心在于采用数字化、自动化和智能化手段，通过无人货架、智能柜、自助结算系统等设备，提供 24 小时不间断的商品销售和服务。无人售货的典型应用包括自动贩卖机、自助超市、无人便利店等。例如，自动贩卖机是最早应用无人售货技术的一种形式，它通过投币、刷卡或扫码等支付方式，实现自动售卖饮料、零食和日用小百货等商品。随着技术的发展，无人便利店开始出现，通过智能摄像头、传感器和自助结算系统，将传统便利店的商品种类和服务水平引入无人店铺中。

　　无人售货的基本原理是将传感器、摄像头、扫描器、自动售货机等智能设备与互联网技术相结合，实现商品识别、库存管理、支付结算、安全监控等功能。具体来说，无人售货的流程如下。

（1）商品陈列和标识。商家将商品放置在无人货架上，并使用智能标签或二维码等方式对商品进行标识和识别。这些标识可以帮助消费者获取商品信息和定价，同时也为系统提供了库存管理和销售统计的依据。

（2）消费者选择和支付。消费者通过扫描商品标识上的二维码或使用手机 App 选择要购买的商品，随后使用移动支付完成购买流程。支付完成后，系统会自动从库存中扣除相应数量的商品，同时生成购买记录和电子发票。

无人售货机

无人超市如何识别商品

76

无人超市识别商品的过程依赖于先进的信息技术和自动化设备。一般而言，无人超市采用的主要方法是利用视觉识别技术、RFID 技术和条形码扫描等手段，实现对商品的快速准确识别。

（1）视觉识别技术。视觉识别技术是通过摄像头和图像处理算法，对商品进行图像识别和特征提取。通过训练模型和机器学习算法，系统可以识别商品的外观特征、标识、包装等信息，从而实现商品识别。该技术可以应用于无人货架、自助结算系统等环节。举个例子，系统可以通过商品的颜色、形状、大小等特征进行识别。比如，一个苹果的图像具有典型的圆形和鲜艳的红色，系统可以通过识别这些特征来判断出商品是苹果。类似地，通过商品包装上的商标、文字或图片等信息，也可以进行识别。

（2）RFID 技术。RFID 技术是一种利用无线电信号进行自动识别的技术。每个商品上都配备有一个 RFID 标签，该标签内置了一个芯片和一个天线，可以通过无线电信号与读写器进行通信。当商品经过读写器的感应范围时，读写器会向 RFID 标签发送信号，标签接收到信号后返回商品的唯一识别码等信息。例如，无人超市中的商品通常会粘贴或嵌入 RFID 标签，当商品放置在无人货架上或通过结算台时，读写器会自动扫描 RFID 标签并读取其中的信息，从而实现商品的识别和跟踪。

什么是智能制造

智能制造是一种基于先进信息技术和自动化技术的制造模式，具体指通过高度集成、灵活智能的生产系统，实现资源高效利用、生产过程智能化和生产组织灵活化。简而言之，智能制造是将人工智能、物联网、大数据、云计算等技术与传统制造业相结合，实现智能化、数字化的生产。

智能制造具有以下几个特点：

（1）灵活性。智能制造采用灵活的生产系统，能够根据市场需求快速调整生产，实现小批量、多品种、定制化的生产方式。智能制造系统可以实时获取生产数据，进行分析和预测，实现智能决策和优化调度。智能制造可以根据客户需求自动调整生产线的产能和产品组装方式，实现高度定制化的生产。同时，系统可以根据生产数据进行实时监控和预警，提前发现生产异常，避免或减少生产故障。

（2）数字化。智能制造将传感器、互联网和大数据技术应用于生产过程中，实现生产数据的数字化采集、传输和存储。通过实时监测和数据分析，可以获得准确的生产状态和质量信息，为决策提供依据。智能制造可以通过在生产设备上安装传感器，实时监测设备运行状态、温度、压力等参数，对生产过程进行精细管理和调控。

（3）高度协同。智能制造倡导生产环节的网络化协同，使各个环节之间能够实时沟通、共享信息。通过云计算、边缘计算、物联网等技术，实现生产资源的集中管理和共享，促进合作伙伴之间的紧密配合。智能制造可以建立供应链管理系统，实现供应商、制造商和销售商之间的信息共享和协同。当销售商接收到订单后，生产部门可以根据订单信息自动调度生产线，供应商可以根据生产计划及时提供原材料，从而实现生产周期的缩短和成本的降低。

智能制造

什么是智能物联网

智能物联网是一种新兴的技术发展方向，它将物体、设备和传感器通过无线通信和互联网连接在一起，实现智能化的管理和控制。智能物联网拥有广泛的应用领域，包括智能制造、智能家居、智慧城市、智慧物流、智慧医疗等。智能物联网的核心概念就是连接和智能化。通过无线通信技术，我们可以将各种物体和设备连接起来，形成一个庞大的网络。这些物体和设备可以是家居电器、汽车、传感器、摄像头，等等，它们通过互联网进行数据交换和信息共享，形成一个统一的系统。

智能物联网不仅仅是连接物体，更重要的是赋予这些物体智能化和自主决策的能力。通过人工智能和大数据分析，智能物联网可以自动感知和识别环境中的信息，并做出相应的决策和行动。比如，智能家居可以根据你的日常习惯和需求，自动调节照明、温度等，提供个性化的舒适体验。

智能物联网的应用非常广泛。在智能制造领域，智能物联网的应用包括设备监控和维护、生产过程优化、资产跟踪和管理、自动化和协作、智能仓储和物流以及远程监控和管理。在智能家居领域，我们可以通过手机或者语音助手控制家中的各种设备，实现远程控制和智能化管理。在智慧城市中，智能物联网可以监测交通流量、垃圾桶的填充情况等，优化城市的资源分配和管理。在智慧物流领域，智能物联网可以实现实时监控和管理货物、优化路线和调度、提高供应链可视性和追溯性，以及实现智能仓储和配送。在智慧医疗方面，智能物联网可以帮助患者实时监测健康指标，并及时报警和远程咨询医生。

什么是智能机械臂

79

　　智能机械臂是一种具有感知、决策和执行能力的机器人系统，用于模拟和执行人类手臂的动作。它由机械结构、传感器、控制系统和执行器等组成，可以进行各种精准的操作任务。智能机械臂的核心特点是其自主性和智能化。自主性意味着智能机械臂能够根据预设的任务目标和环境条件，独立完成工作，不需要人工干预。智能化则意味着智能机械臂具备感知环境的能力，通过传感器获取周围环境的信息，并通过内置的决策算法进行分析和判断，从而选择合适的动作和策略来完成任务。

　　智能机械臂广泛应用于工业生产、医疗、物流仓储、农业等领域。在工业生产中，智能机械臂可代替人工完成繁重、危险或精细度要求高的工作，如组装、焊接、搬运等。在医疗领域，智能机械臂可以辅助手

工业智能机械臂

术操作，提高手术的精准性和安全性。在物流仓储方面，智能机械臂可以实现货物的自动化搬运和分拣。在农业领域，智能机械臂可以用于果园的自动采摘、种植的自动化等。

什么是配送机器人
80

配送机器人是一种自动化设备，能够在物流和零售领域中执行货物的运送和交付任务。它们通常基于机器人技术和人工智能，具备感知、决策和行动的能力。配送机器人的设计目的是提高运送效率、降低成本，并为消费者带来更便捷的购物体验。它们可以在仓库内部或公共道路上行驶，携带各种尺寸和重量的货物，如包裹、食品、药品等。这些机器人通常装备有传感器来感知环境，以及导航和定位系统来准确地找到目的地。

　　在实际运作中，配送机器人会根据预先规划的路径和指令，选择合适的道路进行行驶，并避开障碍物。它们可以使用不同的移动方式，如轮式、足式、无人机等，以应对不同的场景和需求。有些配送机器人还可以与智能手机或电脑等设备进行联网，使用户能够实时追踪货物的位置和交付进度。

　　配送机器人已经在一些地方开始得到广泛应用。例如，一些电商平台和超市开始使用配送机器人来完成最后一千米的交付任务，以提高速度和准确性。此外，一些餐饮企业也开始尝试使用配送机器人来为顾客提供外卖服务。

什么是机器人创作

　　机器人创作是指由机器人或以机器人为主要参与者的智能系统进行的创作活动。它是人工智能技术在创意领域的应用，旨在通过机器人生成有创造性和艺术性的作品，如音乐、绘画、文学作品等。机器人创作借助大数据分析、机器学习和自然语言处理等技术，通过模仿和学习人类的创作过程，能够产生出具有一定质量和独创性的作品。

机器人创作可以被视为一种形式的创作，但与人类的创作方式略有不同。人类的创作过程常常涉及主观理解、情感体验和灵感迸发。我们的创作源自我们的思想、体验和情感，通过语言、音乐、绘画等方式表达出来。然而，机器人创作是基于对大量数据的分析和模式识别，利用算法生成作品。机器人无法拥有真正的主观意识和情感体验，因此其创作更多的是一种模拟和仿真。尽管如此，机器人创作所生成的作品仍然可以被认为具有一定的创造性和艺术性。

机器人创作的范围涵盖广泛，可以通

人工智能绘图作品

过算法和模型生成不同类型的作品。举例来说，机器人可以通过分析大量曲谱，学习并创作新的音乐作品。它们可以通过语义理解和情感分析，编写新闻报道或者小说。此外，机器人还能够通过图像处理和生成模型，进行绘画创作，创作出具有艺术价值的图像作品。

机器人会写诗、画画吗

82

写诗和画画是一种高度创造性的表达形式。它们要求艺术家能够通过具有独特见解和情感的作品来传达信息和表达内心世界，需要艺术家具备主观意识和个人化的观点。它们是艺术家对世界的理解和体验的直接反映，可以通过色彩、形状、线条和文字等元素传递情感和情绪。写诗和画画是对人工智能的创造性表达、主观意识和情感表达多方面的考验。

　　机器人在写诗和画画方面的能力是一个充满挑战的领域。目前的技术发展使得机器人能够通过学习和模仿现有作品生成新的诗句和图像，但与人类艺术家相比，机器人在创造性表达、主观意识和情感表达方面仍存在一定差距。

　　在写诗方面，机器人利用自然语言处理和生成算法可以分析大量的诗歌数据，并基于这些知识生成新的诗句。机器人能够学习和理解诗歌的韵律、格律和意象等要素，从而产生类似的诗歌作品。然而，机器人缺乏情感体验和主观意识，无法真正理解和传达深刻的情感和独特的思想。机器人生成的诗歌作品可能更多地停留在模仿和复制的层面，缺乏真实的个人创作和艺术性。

　　在画画方面，机器人利用深度学习和计算机视觉技术可以分析艺术作品的风格、色彩和构图等要素，并生成类似的图像作品。然而，机器人在绘画技巧方面仍有局限性。虽然机器人可以模仿不同的绘画风格，但在表现细节、精度和真实感方面仍有所欠缺。此外，机器人也缺乏艺术家的个人风格和创作过程中的灵感

147

与直觉。

目前，机器人在写诗和画画方面的能力仍有局限性。随着技术的进步和研究的深入，机器人在写诗和画画方面的能力可能会逐渐提升。

国外有哪些先进人工智能产品

国外对于人工智能的研究起步较早，研究基础也更好，那么目前国外有哪些先进的人工智能产品呢？

（1）Siri。Siri是苹果公司开发的语音助手，利用自然语言处理和语音识别技术，能够理解用户的指令并提供相关的信息和服务。用户可以通过语音与Siri进行对话，如询问天气、发送消息等。Siri在大量的语言数据和算法支持下，实现了智能响应和个性化交互。

（2）Tesla Autopilot。特斯拉的自动驾驶技

术——Autopilot，基于深度学习和计算机视觉，使得特斯拉汽车能够在高速公路上实现自动驾驶。Autopilot 可以感知环境、识别道路标志和其他车辆，自动进行车道保持、跟车行驶等操作，提高了行驶的安全性和便利性。

（3）IBM Watson。IBM Watson 是 IBM 研发的深度学习和认知计算平台，具有强大的自然语言处理和机器学习能力。Watson 可以处理和分析大量的文本数据，并为企业和个人提供智能问答、数据分析等服务。它在医疗诊断、金融分析等领域均有广泛应用。

除了以上列举的几种人工智能产品，AlphaGo 和 ChatGPT 也是人工智能领域的重要里程碑，展示了深度学习和强化学习在不同领域的突破性应用。在后文中我们将会详细讲解这两种意义重大的人工智能产品。

什么是 AlphaGo

84

阿尔法围棋（AlphaGo）是第一个击败人类职业围棋选手、第一个战胜围棋世界冠军的人工智能机器人，由谷歌（Google）旗下 DeepMind 公司开发，其主要工作原理是"深度学习"。

2016 年 3 月，阿尔法围棋与围棋世界冠军、职业九段棋手李世石进行围棋人机大战，以 4 : 1 的总比

什么是 AlphaGo

分获胜。

2017 年 5 月，在中国乌镇围棋峰会上，它与排名世界第一的世界围棋冠军柯洁对战，以 3 : 0 的总比分获胜。围棋界公认阿尔法围棋的棋力已经超过人类职业围棋顶尖水平，在 GoRatings 网站公布的世界职业围棋排名中，其等级分曾超过排名人类第一的棋手柯洁。

2017 年 5 月 27 日，在柯洁与阿尔法围棋的人机大战之后，阿尔法围棋团队宣布阿尔法围棋将不再参加围棋比赛。

2017 年 10 月 18 日，DeepMind 团队公布了最强版阿尔法围棋，代号 AlphaGo Zero。

什么是 ChatGPT
85

ChatGPT 是由美国 OpenAI 研发的聊天机器人程序，其中"Chat"是聊天的意思，"GPT"是

generative pre-trained transformer，是一种生成式预训练语言模型，所以 ChatGPT 是以 GPT 模型为核心的聊天机器人程序。但是 ChatGPT 能做的不仅仅是聊天，它还能完成撰写邮件、视频脚本、文案、翻译、代码，甚至是写论文，简单来说，只要告诉 ChatGPT 一行指令，它就能输出你想要的文本。

什么是 ChatGPT

过往的聊天机器人仅能完成简单的指令，回答简单问题，但是 ChatGPT 的训练基于大量数据，以及更先进的 GPT 模型，所以它掌握更丰富的知识，能解决更复杂的问题。

ChatGPT 有什么独特之处

86

作为里程碑式的语言大模型人工智能，ChatGPT 自然有它的独特之处。

（1）超强的理解能力。ChatGPT 的第三个版本就拥有多达 1 750 亿个模型参数，有丰富的语言范例当作 ChatGPT 学习材料，ChatGPT 通过学习语言之间的相关性，建构出语言规律，来应对从未见过的问题。目前市面上的一些人工智能产品会给我们不太"智能"的感觉，因为它们只能理解特定文本，解决特定问题，但是 ChatGPT 能够通过上下文精准理解人类表达。

（2）超多的知识储备。ChatGPT 在来自互联网、书籍、新闻等各种来源的文本数据上进行训练，巨量的模型参数使它能够掌握海量的人类文明知识，所以 ChatGPT 掌握的知识是一个人一辈子都难以掌握的，就像一个"超级大学霸"。

（3）超高的通用性。ChatGPT 采用的通用语言模型在训练时使用了来自各种领域的数据，因此它们能够处理各种类型的任务，不仅限于某一个特定的任务或领域。这使得这些模型在处理新的、未见过的任务时具有很强的泛化能力。不同于 AlphaGo 只能下围棋，ChatGPT 表现出对多种任务的处理能力。

ChatGPT 和其他信息获取工具有什么区别

87

在互联网刚刚崛起的时候，还不能做到每个人都拥有一部手机来获取、发布信息，此时的门户网站就是人们对外探索的窗口，比如搜狐网，将新闻划分不同的专栏，将不同来源的信息集结在一起，提升了人们获取信息的效率。

随着互联网的发展，我们步入了信息爆炸时代，这个时候门户网站已经不能高效地给我们提供信息，搜索引擎出现了，在搜索框输入关键词进行检索，我们就能够便利地查询到想要的信息。

近年来，随着手机的普及，"人人都有麦克风"，我们步入了"信息过载"的时代，在这样的背景下，诞生了一系列以算法作为驱动的企业，通过算法精准匹配用户，将用户想看的内容直接推送给用户，已经从"人找信息"过渡到"信息找人"的时代。

ChatGPT 可以帮助我们跳过浏览、对比、整合信息的步骤，根据我们的要求，直接为我们提供想要的答案。

ChatGPT 这么强大，可以替代搜索引擎吗

88

不太可能。首先，比起搜索引擎，ChatGPT 能够更加快速地提供所需信息。ChatGPT 通过对人类语言

习惯的学习，更好地理解人类意图，甚至可以定制回答。搜索引擎需要人类输入关键词，筛选网页，再提取有效信息。

此外，在某些情况下，ChatGPT 可能比搜索引擎更适合解决某些领域的复杂问题。例如，在医学、金融和法律等行业中，知识比较专业化且术语和概念十分复杂。对于这些领域的问题，搜索引擎可能无法准确地理解用户的意图，并提供具体、专业的答案。

但是，搜索引擎依然有其独特性。使用 ChatGPT 需要提供相应的数据集进行训练，因此对于新出现的问题或者没有充分训练数据的领域，ChatGPT 可能不够适用。搜索引擎可以结合实时数据反馈进行优化，使得结果更加丰富和准确。例如，目前的搜索引擎通常会考虑搜索历史纪录、地理位置、设备类型等因素，给出更符合用户需求的结果。另外，ChatGPT 存在胡编乱造的情况，所以并不能完全依赖它所提供的答案。

因此，两者可以协同工作，但不可能替代对方。

ChatGPT 可以应用于哪些领域

89

ChatGPT 的应用场景非常广泛，可被用于多个领域，如智能客服、智能文本编辑器、自动摘要生成等。这些应用领域的发展，将会为人们的生活和工作带来更多的便利和改变。

（1）在智能客服领域，ChatGPT 能够根据上下文更好地理解语义，所以相比普通的聊天机器人，跟 ChatGPT 的交流会更智能，更接近于人。更重要的是 ChatGPT 没有情绪，不会不耐烦，它甚至会察觉到聊天人的情绪并进行安抚。所以 ChatGPT 可以减轻客服人员的工作压力，提高用户体验。

（2）在自动摘要生成领域，ChatGPT 可以帮助人们自动从一篇文章中提取关键信息，生成文章的概括或摘要。通过 ChatGPT，人们可以更加快速地了解文章的主要内容，从而节省时间和提高阅读效率。

（3）在游戏领域，GPT 可以扮演游戏中的角色，与玩家进行对话、提供提示、解密等，从而创造出更加沉浸式的游戏体验。此外，GPT 还可以为销售人员提供销售话术，为企业制定营销计划，为学生提供论文写作的帮助，等等。

除此之外，GPT 还可以与其他 AI 工具结合使用，以发挥更强大的作用。例如，可以让 GPT+AI 绘画，让 GPT 写下绘画的描述词，然后通过 AI 绘画工具画出高级的画作。GPT+AI 生成视频也是如此。总之，GPT 可以广泛地应用于各种领域，帮助人们更高效地完成各种任务，同时也为科技进步和人类发展带来新的可能性。

与 ChatGPT 相比，GPT-4 有什么迭代

2023 年 3 月，在 ChatGPT 首次亮相 4 个月后，

OpenAI 推出了迄今为止"更先进"的聊天机器人 GPT-4，并号称其响应更安全、更有用。这家总部位于旧金山的公司声称 GPT-4 比上一次迭代更好，那么相比 ChatGPT，GPT-4 究竟有什么迭代呢？

（1）GPT-4 可以管理高达 25 000 字的文本，ChatGPT 只能承受 3 000 字的限制，约为 GPT-4 的 1/10。

（2）GPT-4 可以解释和破译图像的细节。假设您向 GPT-4 提供了一个气球图像，然后您问："如果线被切断会发生什么？"它会准确地说，"气球会飞走。"而 ChatGPT 无法做到这一点。

（3）GPT-4 有更多的防护栏来防止对抗性使用和不需要的内容。换句话说，与 ChatGPT 相比，GPT-4 应该更不容易被用于恶意操作。

此外，GPT-4 在语言理解、隐私保护等方面也显著优于 ChatGPT，这一切使得 GPT-4 成为比 ChatGPT 更优秀、更先进的语言模型。

我国有哪些先进的人工智能产品

91

人工智能在中国的发展也取得了令人瞩目的进展，涌现出许多先进的人工智能产品。

（1）人脸识别技术。人脸识别技术在安防、公安、金融等领域得到广泛应用。例如，中国的人脸识别公司旷视科技开发的 Face++ 技术，被广泛应用于人脸验证解锁、人脸支付、人脸门禁等场景。

（2）语音助手。中国的互联网公司推出的智能语音助手"小度"已经在数亿台设备上得到使用。它可以回答问题、播放音乐、控制家居设备等，为用户提供便捷的语音交互体验。

（3）自动驾驶技术。汽车公司基于深度学习和传感器技术，研发出能够实现高级驾驶辅助和自动驾驶功能的汽车。

此外，还有由科大讯飞开发的认知大模型讯飞星火，百度开发的语言大模型文心一言等。

第三部分

未来的人工智能

"60岁开始读"科普教育丛书

ChatGPT 的成功意味着什么

92

ChatGPT 与其他大模型人工智能的成功，为很多领域的人工智能与机器学习应用指明了方向。ChaGPT 有效理解人类语言输入，并以连贯和与上下文相关的方式做出回应的强大能力是人工智能领域的巨大突破。其衡量标准是模型与用户进行自然、有意义对话的能力，在模拟人类互动的同时提供准确、有用的信息。这一成功展示了自然语言处理和人工智能的进步，使其成为客户支持、信息检索、语言翻译等各种应用的重要工具。

其中对自然语言的掌握是 ChatGPT 成功的显著标志，从最早的机械电路语言，到如今的数字编程语言，人机交互的最大障碍与门槛便是语言问题。如今大模型人工智能对于人类自然语言的掌握与理解上下文的能力，使更多没有编程技能的人得以无障碍地使用人工智能这一利器。

ChatGPT 作为人工智能广泛应用的先驱，在客户支持、虚拟助手、教育工具、创意写作、内容生成等大量领域开辟了人工智能的市场。其存在启发了更多人工智能训练师与开发者，成功激励了自然语言处理和人工智能领域的进一步研发，鼓励科学家和工程师探索新的方法和改进措施，以建立更好的多功能人工智能。

总的来说，ChatGPT 的成功代表着人工智能能力以及我们与技术交互方式向前迈出了一大步。但是，在利用其潜力产生积极影响的同时，必须注意其局限性和道德影响。

ChatGPT 与之前的人工智能产品相比，有什么样的颠覆

93

我们都说 ChatGPT 的诞生是人工智能发展历史进程的里程碑，具有跨时代的意义。那么与过去的人工

智能相比，ChatGPT 到底有怎样颠覆性的不同呢？

（1）数据规模。ChatGPT 使用的生成式预处理语言模型规模是史无前例的巨大的，经过多次的迭代，ChatGPT 的架构中的参数量已经达到万亿级别，用于预训练的数据量也达到了 50TB 左右。这种庞大的规模使它能够捕捉语言中复杂的模式和关系，从而更有能力理解上下文并生成连贯的回应。

（2）训练方法。ChatGPT 的预训练方法能够使其利用网络中的大量数据，快速学习各方面的语法、逻辑与知识，甚至产生一定程度的"常识"，而不是面向相对固定的领域的特有信息。与先前的人工智能相比，ChatGPT 更加全面，在训练完成后，通过简单的微调或指示词，就能让此模型迅速适应特定领域或使用案例。

（3）使用范围。ChatGPT 与先前的人工智能产品不同，并不需要在特定领域的大量编程优化，其庞大的参数量赋予了 ChatGPT 极佳的灵活性。基于预训练中对语法、逻辑的理解，ChatGPT 得以联系上下文对指令做出更好的判断，并根据其所学习到的"常识"

面对各方面的任务与信息查询。

（4）语言能力。ChatGPT 对于自然语言的掌握是颠覆性的，先前的人工智能绝大多数依赖于编程语言，需要大量的编程才能完成所需的工作。此外，之前的人工智能产品在回复方面往往是僵化的，缺乏生成新颖的内容，或与上下文关联起来的能力。而 ChatGPT 能够根据语境生成创造性的回复，甚至包括特别的文学体裁，例如诗歌、故事等。

ChatGPT 对我们的生活将产生什么样的影响

颠覆性的 ChatGPT 不仅仅将在科学研究与工业中起到巨大的推进作用，在我们的生活中同样也能给我们带来各种之前难以想象的便利。

（1）语言与交流。ChatGPT 的自然语言处理能力可以促进不同语言使用者之间的无缝交流，打破语言障碍，促进全球互动中的跨文化理解。ChatGPT 的自然语言处理能力是语言翻译和交流领域颠覆性的进步。随着世界的相互联系日益紧密，语言障碍仍然是全球互动的一大障碍。通过其复杂的算法和在庞大的多语言数据集上进行的全面训练，ChatGPT 可以在多种语言之间有效地解释和翻译文本，而且准确度极高。无论是闲聊、商务信函、学术研究还是文化交流，ChatGPT 的无缝翻译功能都能拉近不同语言使用者之间的距离。

（2）教育与辅导。ChatGPT 可以作为一种教育工具，帮助学生学习各种科目，提供解释，并提供个性化的学习体验。在传统的课堂环境中，教师往往面临时间限制，无法全面解决每个学生的具体需求。ChatGPT 可以作为一种行之有效的补充，提供额外的解释、说明和例子，以消除个人的学习差距。当学生与 ChatGPT 互动时，他们可以加强理解，寻求具体问题的答案，并对自己的学习更有信心。此外，ChatGPT 庞大的知识库可以延伸到教科书之外，提供真实世界的应用和场景，使学习更加贴近实际。

（3）写作与创造。ChatGPT 能够生成连贯、有创意的文本，可用于各种目的的内容创建，包括撰写文章、生成营销材料，等等。同时，ChatGPT 根据指令要求生成诗歌和故事等创造性内容的能力可以激发作家、艺术家和内容创作者的创造力。

在未来，人工智能会有怎样的发展

我们已经了解了目前人工智能发展的进程，那么在未来，人工智能会朝向哪些方向，又会有怎样的发展呢？

（1）人工智能的学习能力与举一反三的技能将会迅速发展。当前的人工智能模型往往需要大量数据才能在特定任务中表现出色。未来，人工智能有望提高从较小的数据集进行泛化的能力，并更有效地将知识从一项任务转移到另一项任务。这将使人工智能系统的学习效率更高，适用范围更广。训练数据集规模的减少能有效地降低人工智能的成本，并帮助人工智能被更加广泛运用在社会的各个领域中。

（2）人工智能的可解释性与透明度急需发展。随着人工智能在医疗保健，金融投资等应用领域变得越来越普遍，人们对能够为其决策提供解释的人工智能模型的需求将越来越大。未来的人工智能系统可能会把重点放在提高其可解释性和透明度上，使人类能够理解其输出结果背后的推理。这样，人工智能将不再是人类眼中捉摸不透的黑匣子，大量的与人工智能相关的伦理道德问题也将迎刃而解，例如我们能够更加准确地识别出人工智能决策中的不公平因素。

（3）人工智能将在更多领域寻求应用与发展，并更加高效地融入各个行业。人工智能可能会继续融入各行各业，改变企业的运营方式。从自动驾驶汽车和个性化医疗，到智能城市和精准农业，人工智能的影响力将大幅增长。同时，人工智能和机器人技术会进一步融合，从而能够发展在复杂环境中执行复杂任务以及与人类无缝协作的先进自主系统。

什么是人工智能从"小作坊"走向工业化时代

96

随着人工智能的发展，大模型人工智能走在了领域的前沿，成为众多话题的焦点。以 ChatGPT 为代表的大模型人工智能正在引领新型人工智能的迅速发展。与先前的人工智能技术不同的是，大模型具备着史无前例的通用性，让人工智能在各种领域都能有所作为。

所谓的"小作坊"，指的便是人工智能发展之初，为特定单一目标，使用专用模型框架，并进行定制训练的开发过程。不可否认的是，这样的"小作坊"人工智能在单一的特定功能上确实能发挥不小的作用，甚至启发了人工智能的发展。但是，"小作坊"模式最大的问题便是效率低，开发慢，训练慢，应用慢。

而工业化时代，指的便是以通用大模型预训练为主的人工智能开发模式。大模型的优势显而易见，大数据与大算力在预训练中的结合,极大程度上增强了泛化性,使得在各个领域,只需对预训练大模型进行微调,就能马上投入使用了。以 ChatGPT 为例,其用于预训练的数据量达到了 45TB,算法模型的参数量更是达到了 1 750 亿,如此大量的数据与强大的算力成就了 ChatGPT 广泛的用途与在各方面都极为强大的功能。

由单一目标的小作坊时代,走向通用泛化的大模型工业化时代,是人工智能发展中极为重要的一个跨越。这样的跨越必将不断加速实体经济智能化升级,深度改变各行业生产力。

什么是多模态化
97

模态是一个生物学上的概念,意味生物根据感知器官来接收信息的通道。而顾名思义,多模态便指的是融合多种感官通道,例如人类接收信息往往都融合了视觉、听觉、触觉等一系列感官。

　　了解了模态的含义，多模态化人工智能便不难理解了。多模态化人工智能能够做到与人从多个不同的感官进行交互，通过各种信息传递的媒介，充分模拟人类交流与互动的方式。而为了达成多模态化交互的目标，人工智能需要进行多模态化的学习。不同于以往单模态的机器学习过程，多模态学习使用多种不同的数据模态来训练模型，例如文本、图像、音频、视频等。最常见的例子便是语音识别人工智能，语音识别人工智能融合了音频与文字两种数据进行训练，不仅能识别出语音对应的读音，还能通过对文字的学习正确判断想表达的语义。

　　目前，多模态化人工智能已经出现在我们生活中的不少场景中，例如图像生成、语音助手、影视翻译等。相信在不久的将来，多模态化人工智能能与虚拟或增强现实等技术融合，为我们提供更接近于人类感知的交互场景。

什么是大语言模型

98

大语言模型（large language model, LLM）是深度学习的应用之一，大语言模型的目标是理解和生成人类语言。为了实现这个目标，模型需要在大量文本数据上进行训练，以学习语言的各种模式和结构。大语言模型可以通过学习语言数据的统计规律和语义信息来预测下一个单词或句子。如 ChatGPT，就是一个大语言模型的例子。被训练来理解和生成人类语言，以便进行有效对话和解答各种问题。

LLM 的核心思想是通过大规模的无监督训练来学习自然语言的模式和语言结构，这在一定程度上能够模拟人类的语言认知和生成过程。与传统的 NLP（自然语言处理技术）模型相比，LLM 能够更好地理解和生成自然文本，同时还能够表现出一定的逻辑思维和推理能力。

什么是生成式人工智能

99

生成式人工智能是人工智能领域中的一个子集，所谓生成式指的是这类的人工智能可以生成与训练数据集相似但全新的数据。与其他传统人工智能不同，生成式人工智能并不完全依赖于编程给定的规则与定义模式，相反，它能够直接从数据集中进行深度学习，并输出具有一定创造性的结果。

生成式人工智能与深度学习息息相关，其中最主要的两种类型分别是无条件与条件生成模型，其主要区别便是在生成时是否有输入的约束与条件。

生成式人工智能的多应用十分广泛，以下将列举几个案例。

（1）文本生成。以 ChatGPT 为首的各种文本生成人工智能均属于生成式人工智能，这种模型能够生成连贯且与上下文相关的文本，并且应用于语言翻译、对话生成和文本补全等自然语言处理任务。

（2）图像生成。stable diffusion, midjourney 等艺术图像生成器也都应用了生成式人工智能模型，它们被广泛用于创建逼真的图像，如生成逼真的人脸、生成艺术品或生成合成图像，或用于计算机视觉任务中的数据增强。

（3）数据扩充。在科研或技术研究领域，生成式人工智能可用于扩充训练机器学习模型的数据集，从而提高模型性能和泛化能力。

什么是通用人工智能

通用人工智能（artificial general intelligence, AGI），是指具有一般人类智慧，可以执行人类能够执行的任何智力任务的机器智能。到目前为止，我们所接触的 AI 产品大都还是狭义 AI，又称"弱人工智能"。

简单来说，狭义 AI 就是一种被编程来执行单一任务的人工智能，无论是检查天气、下棋，还是分析原始数据以撰写新闻报道。狭义 AI 系统可以实时处理任务，但它们从特定的数据集中提取信息。因此，这些系统不会在它们设计要执行的单个任务之外执行。

　　家里的"小度"、可以下围棋的 AlphaGo、苹果手机的 Siri 等自人工智能工具都是狭义 AI 的产品。虽然它们能够与我们交互并处理人类语言，但这些机器远没有达到人类的智能水平。AlphaGo 只会下围棋，

什么是通用人工智能

175

而不管是小度还是 Siri，当我们与它们交谈时，它们并不能灵活地来响应我们。

当然，通用 AI 并非全知全能。与任何其他智能存在一样，根据它所要解决的问题，它需要学习不同的知识内容。比如，负责寻找致癌基因的 AI 算法不需要识别面部的能力；而当同一个算法被要求在一大群人中找出十几张脸时，它就不需要了解任何有关基因互作的知识。通用人工智能的实现仅仅意味着单个算法可以做多件事情，而并不意味着它可以同时做所有的事情。

后 记

亲爱的读者朋友们：

至此，这本科普书籍便正式完结了。人工智能不只是科幻小说和电影中的想象，它已经深入我们的生活之中。希望这本科普书为您提供对人工智能的初步认识，并激发您对数字世界的好奇心和探索欲望。英国科学家斯蒂芬·霍金说："无论我们未来在人工智能的道路上前进多远，它始终只是人类思维的工具和延伸。"也许我们对新事物的学习和适应可能会有一些困难，但请相信，您拥有无尽的智慧和经验来探索这未知的世界。

感谢您的阅读和支持，也祝愿您保持好奇心，不断学习，与时俱进！